Erste Hilfe

Ralf Sick
Harald Halpick

Erste Hilfe

Ihre Sicherheit für alle Fälle

DIE JOHANNITER
JOHANNITER-UNFALL-HILFE

Urania

Die Deutsche Bibliothek – CIP-Einheitsaufnahme
Sick, Ralf:
Erste Hilfe : Ihre Sicherheit für alle Fälle /
Ralf Sick ; Harald Halpick. -
Berlin : Urania-Verl., 1999
ISBN 3-332-01015-8

Konzeption und Projektleitung:
Dr. Magda Antonic
Redaktion: Dr. Lisa Marie Christian
Layout und DTP: Dr. Katrin Beyer
Korrektur: Karl Beer, Andrew Leslie
Illustrationen: Meret Hagen (5),
Angelika Nitsche (28)
Umschlaggestaltung: Behrend & Buchholz, Hamburg
Reproduktion: Digital Data Service Lenhard, Stuttgart
Fotos: Immuno (S. 92), Johanniter-Unfall-Hilfe e.V. (S. 14, 16, 34, 43, 44, 51, 55, 103), TOTAL WALTHER Feuerschutz und Sicherheit (S. 127), WZ Media (119)
Eine Buchproduktion von MediText, Stuttgart

Druck: Messedruck Leipzig GmbH
Printed in Germany
Gedruckt auf alterungsbeständigem Papier und chlorfrei gebleichtem Zellstoff

ISBN 3-332-01015-8
03 02 01 00 99 5 4 3 2 1

Unser spezieller Dank gilt für Beratung und Mitwirkung:
Dipl.-Ing. Joachim Berger, Hauptverband der gewerblichen Berufsgenossenschaften, St. Augustin; Sven Jeenicke, JUH Hamburg; Kornelia Melcher, Referentin Ausbildung, JUH LV Sachsen-Anhalt/Thüringen; Winfried Pesch, Regionalausbildungsleiter, JUH Köln; Dr. Horst Reuchlein, BG keramische und Glasindustrie, stv. Leiter des EH-Ausschusses der Berufsgenossenschaften; Christine Schulz, Kreisausbildungsleiterin, JUH Saalfeld-Rudolstadt; Dirk Stelling, Ausbildungsleiter, JUH Berlin-Südwest; Karl Anton Kähler, Henning Lange, Koordinations- und Servicestelle des Johanniter-Bildungswerks, Münster; den Mitgliedern der Ehrenamtlichengruppe des Johanniter-Bildungswerks; Mathias Frick, TOTAL WALTHER Feuerschutz und Sicherheit; allen Interviewpartnern: Günter Friedrich, Kia Homayounfar, Henning Knudsen, Doreen Munkwitz, Peter Oster, Maria Papstamatiou, Dipl.-Ing. Hubert Paulus, RA Sinan Selen und Oliver Seligmann
Wir danken für die Darstellung auf den Fotos: Regina Werz, Dirk Stelling, Karolina Stuhec-Meglic.

Eine Gebrauchsanleitung?

Sicherlich: Eigentlich erklärt sich dieses Buch von selber. Ohnehin werden Sie sich sehr schnell in diesem Buch zurechtfinden.

Trotzdem möchten wir Ihre Aufmerksamkeit auf einige Eigenarten und Besonderheiten dieses Buches lenken.

Ralf Sick
Leiter des Johanniter-Bildungswerks

Harald Halpick
Lehrbeauftragter im Johanniter-Bildungswerk

Handeln ist Trumpf! Gerade in Stresssituationen helfen klare Handlungsabläufe, einen kühlen Kopf zu bewahren und spontan mit der Ersten Hilfe beginnen zu können. Deshalb finden Sie neben Texten, die Ihnen wichtige und interessante Hintergrundinformationen liefern, immer wieder Übersichten, die Ihnen beim Untersuchen und bei den Maßnahmen Handlungssicherheit geben.

Lernpsychologie ist bei uns Johannitern keine tote Wissenschaft, sondern wird aktiv in Ihrem Interesse, für Ihren höheren Lernerfolg genutzt. Ein Beispiel hierfür sind Zusammenfassungen von Maßnahmen, die bei allen Notfällen oder bei bestimmten Notfallgruppen richtig sind. Deshalb begegnen Ihnen so genannte Maßnahmenpakete, die unter einem einfachen Namen wie „Wie bei allen Problemen in der Brust" Gleichbleibendes, Identisches zusammenfassen. Sie werden einmal detailliert erläutert. Später reicht die bloße Nennung aus, um bei Ihnen die dazugehörigen Bestandteile, Maßnahmen wieder aus dem Gedächtnis zu kitzeln. Dadurch werden die Beschreibungen von Symptomen und Maßnahmen bei den Notfällen wesentlich knapper und übersichtlicher. Man spart sich dort die Nennung des immer Wiederkehrenden und damit wertvollen Speicherplatz im Gehirn, wo nun nur noch der Oberbegriff (der Abrufreiz) abgelegt werden muss.

Wir erleben Erste Hilfe in ganz verschiedenen Bereichen:

- *Freizeit, Reise und Sport*
- *Familie und Haushalt*
- *Beruf und Betrieb*
- *Straßenverkehr*

Jeder unterschiedlich stark. Wir wollen Ihnen für diese verschiedenen Erlebensbereiche auch spezielle Zusatzinformationen liefern, die Sie ganz nach Ihrer Interessenlage abrufen können. Diese Spezialinformationen haben wir zu Ihrer besseren Orientierung besonders gekennzeichnet.

Viel Freude beim Lesen
Ihre Autoren

Inhalt

Mehr als nur ein Vorwort ... 8

Was immer richtig ist 10

Ralf Sick

- Das Vorgehen am Notfallort 11
- Das Vorgehen am Verletzten I: der diagnostische Block 24
- Das Vorgehen am Verletzten II: der Bodycheck 26
- Der gesamte Untersuchungsablauf noch einmal in der Übersicht 28
- Basismaßnahmen: das **PAKET** 32

Rund um das Bewusstsein 36

Ralf Sick

- Ursachen und Gefahren von Bewusstseinsstörungen 36
- Ohnmachten (Synkopen) 42
- Schlaganfall (apoplektischer Insult) 43
- Krampfanfälle 45
- Entgleisungen des Diabetes mellitus 46

Rund um die Atmung 48

Ralf Sick

- Fremdkörper in den Atemwegen 51
- Insektenstiche im Mund-Rachen-Raum 52
- Asthma bronchiale 53
- Beinahe-Ertrinken 55
- Lungenödem 56
- Hyperventilation 57

Rund um Herz und Kreislauf 58

Ralf Sick

- Schock 59
- Angina pectoris und Herzinfarkt 63
- Elektrounfall 66
- Herz-Lungen-Wiederbelebung 69

Rund um Wunden 74

Ralf Sick

- Wunden 75
- Verbandtechniken 80
- Impfungen 81
- Bedrohliche Blutungen 84
- Fremdkörper 89
- Marschblasen 89
- Amputation 91
- Insektenstich 92
- Zeckenbiss 92
- Schlangenbiss 93

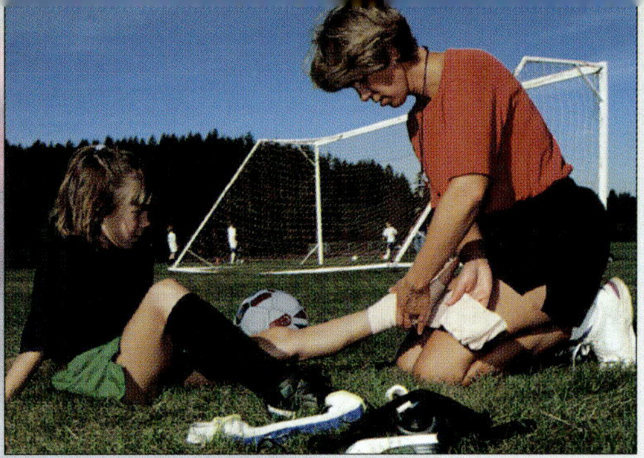

Rund um Knochen und Gelenke 94

Harald Halpick

▶ Prellung und Verstauchung 96
▶ Verrenkung 96
▶ Knochenbrüche 98
▶ Muskelverletzungen 101
▶ Brustkorbverletzungen 101
▶ Wirbelsäulenverletzungen 102
▶ Schädel-Hirn-Verletzungen 106

Rund um Hitze und Kälte 108

Harald Halpick

▶ Verbrennungen und Verbrühungen 108
▶ Sonnenstich 110
▶ Hitzschlag 110
▶ Hitzeerschöpfung 111
▶ Erfrierungen 112
▶ Unterkühlung 113

Rund um Gifte 114

Harald Halpick

▶ Verätzungen 115

Tipps zur Sicherheit und Ersten Hilfe 117

▶ Wie lagere ich …? 117
▶ Die Hausapotheke 118
▶ Die Reiseapotheke 119
▶ Zivil- und strafrechtliche Fragestellungen 120
▶ Erste Hilfe in Betrieben 122
▶ Sicherheit im Auto 123
▶ Organspende und Organtransplantation 124
▶ Vorbeugender Brandschutz 124

Register 128

Maßnahmenpakete

- Wie bei jedem Bewusstlosen 37
- Wie bei allen Problemen im Kopf 44
- Wie bei allen Problemen in der Brust 50
- Herz-Kreislauf-System 59
- Schock 60
- Herz-Lungen-Wiederbelebung (HLW) 69
- Wundversorgung 76
- Stillung von Blutungen an Gliedmaßen 85
- Verletzungen des Stütz- und Bewegungsapparates 95
- Vergiftung 114

Mehr als nur ein Vorwort ...

Sehr geehrte Leserin, sehr geehrter Leser,
liebe Ersthelferin und lieber Ersthelfer,

wir wollen mit dem nachfolgenden Buch mehr als nur Notfälle auflisten, Symptome beschreiben und Maßnahmen der Ersten Hilfe erläutern. Das haben schon einige Autoren vor uns recht gut geleistet. Unsere Ziele sind etwas höher gesteckt:

- *Wir wollen mit dem verstaubten Image der Ersten Hilfe aufräumen!*
- *Wir wollen Ihnen helfen, Ihre Hemmschwellen zur Ersten Hilfe abzubauen!*
- *Und wir wollen Sie motivieren und einladen, sich in einem Erste-Hilfe-Lehrgang oder -Training praktisch für die Erste Hilfe fit zu machen!*

Mit dem verstaubten Image der Ersten Hilfe aufräumen

Wenn alle zu sich selber ehrlich sind, dann müssen viele bekennen, dass sie bisher nur Zeit in die Erste Hilfe investiert haben, weil es ein Muss z.B. für den Führerscheinerwerb war. Wenn alle in sich hineinhorchen, wird Erste Hilfe bei ihnen oft mit dunklen, negativen Bildern wie Stress, Notsituation, Krankheit, Behinderung bis hin zum Tod verbunden sein.

Kein Wunder, dass man dieses Thema als unangenehm zu verdrängen versucht. Doch Erste Hilfe ist viel mehr: Erste Hilfe ist genauso auch Vorbeugung und Sicherheit. „Erste Hilfe – die helle Seite des Lebens (the bright side of life)".

Wir Johanniter haben es uns auf die Fahnen geschrieben, Ihnen nicht nur aufzuzeigen, was man machen kann, wenn bereits alles zu spät ist. Vielmehr treten wir mit Ihnen zusammen in unseren Lehrgängen und in diesem Buch den Beweis an, dass wir viele Notfälle vermeiden können.

Genauso unterstreichen wir Ihre ganz persönliche, wichtige Rolle als Ersthelfer: Sie haben es mit Ihrem beherzten und spontanen Eingreifen im Notfall im Griff, nicht nur Folgeschäden zu minimieren, sondern in vielen Fällen die Grundlage zu schaffen, dass z.B. eine Verletzung ohne Folgen ausheilen kann.

Also lassen Sie sich einladen, mit uns die Erste Hilfe unter dieser unseres Erachtens einzig richtigen Perspektive zu betrachten: „Mit Sicherheit ... Erste Hilfe!"

Hemmschwellen abbauen

Haben Sie folgende Situation selber schon einmal erlebt? In einer belebten Fußgängerzone ist eine Person zusammengebrochen. Viele Passanten bleiben stehen und werden zu handlungsunfähigen, passiven „Gaffern". Andere stehlen sich am Notfallort vorbei und wagen es nur, aus den Augenwinkeln einen Blick auf das Geschehen zu werfen. Löst sich aus dieser grauen Masse nur ein beherzter Mensch – und dabei kommt es noch nicht einmal darauf an, dass er die beste Erste Hilfe leisten kann, sondern dass er einfach Zivilcourage besitzt –, dann lassen sich die vormals Passiven durch direkte und persönliche Ansprache aus ihrer Erstarrung lösen und zu konkreten Hilfeleistungen vom Notruf bis zum Zurückhalten von Gaffern aktivieren. Nur eine von vielen Hemmschwellen, mit denen wir ein Stück weit aufräumen wollen. Ein weiteres Beispiel sind die Ängste, sich bei der Hilfeleistung zu infizieren oder wegen einer falschen bzw. fehlerhaften Maßnahme angezeigt und verurteilt zu werden. Hier sind dieses Buch und unsere Ausbilder in den verschiedenen Lehrgängen kompetente Beratungspartner. Oft ist es Unwissen, das die Ängste schürt. Sachliche Information ist hier das Rezept der Wahl. Ein letztes Beispiel ist die Angst vor Versagen – die Angst, dass man irgendetwas falsch machen könnte und dem Betroffenen mehr schadet als nützt. Sehr oft wird diese Angst von der Gewissheit genährt, dass der Erste-Hilfe-Kurs schon lange zurückliegt, und von der falschen Vorstellung, dass Erste Hilfe sehr kompliziert ist.

Wir möchten mit diesem Buch den Gegenbeweis antreten. Denn: Erste Hilfe ist kinderleicht. Wir geben Ihnen konkrete Handlungshilfen und -abläufe, damit Sie auch im Notfall sicher von den verschiedenen Untersuchungen bis zu den Maßnahmen kommen. Wir haben uns pädagogisch und psychologisch alle Mühe gemacht, um Ihnen das Erlernen der Ersten Hilfe zu erleichtern: Von Eselsbrücken bis hin zu übersichtlichen Zusammenfassungen für ganze Notfallgruppen.

Einladung

Auch wenn dieses Buch mit vielen pädagogisch-psychologischen Kniffen arbeitet, um Ihnen alles Interessante und Wichtige rund um die Erste Hilfe griffig, motivierend und verständlich näher zu bringen, hilft es nicht alleine, sondern nur zusammen mit einer Erste-Hilfe-Ausbildung oder einem Erste-Hilfe-Training.

Erleben Sie die Praxis pur:

- *Ihre Wünsche, Fragen und Probleme sind uns wichtig und bestimmen den Seminarablauf!*
- *Viele intensive Übungen helfen die lebenswichtigen Maßnahmen „im Schlaf“ zu beherrschen!*
- *Erfrischend neue Methoden schaffen eine lockere Atmosphäre, in der es sich gut lernen lässt!*

Kurzum – wir räumen mit dem verstaubten Bild der Erste-Hilfe-Ausbildung auf.

Wir freuen uns, Sie in einem unserer Lehrgänge begrüßen zu können und mit Ihnen in Zukunft als engagiertem Ersthelfer zusammenarbeiten zu dürfen.

Aber zuallererst wünschen wir Ihnen beim Lesen dieses Ratgebers viel Freude, viele wichtige Anregungen und viel Motivation zum Helfen.

Ihre Johanniter

Prof. Dr. Dr. h. c. Horst Wilms
Bundesarzt der JUH

Ralf Sick

Harald Halpick

Was immer richtig ist

Notfall – was ist das? In der Medizin versteht man unter einem Notfall eine akute Erkrankung, eine Vergiftung oder eine Verletzung durch einen Unfall. Gemeinsam haben diese drei, dass sie einen plötzlichen Verlauf nehmen, bei dem eine oder mehrere lebenswichtige Funktionen beeinträchtigt werden oder ausfallen.

Drei Funktionen sind für das Leben unmittelbar notwendig und werden deshalb lebenswichtige oder Vitalfunktionen genannt:

- Das Bewusstsein
- Die Atmung
- Die Herz-Kreislauf-Funktion

Nur wenn alle drei Vitalfunktionen unbeeinträchtigt ineinander greifen, ist über die Blutgefäße eine Versorgung der Zellen unseres Körpers mit Sauerstoff gewährleistet. Wird eine Funktion eingeschränkt bzw. fällt sie aus, hat dies unweigerlich Auswirkungen auf die übrigen. Aus diesem Grund haben bei einem Notfall die Kontrolle und der Schutz bzw. das Aufrechterhalten dieser Vitalfunktionen vorrangige Bedeutung.

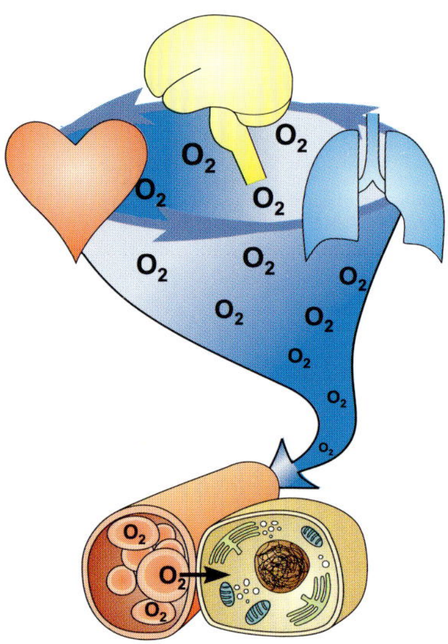

Die drei Vitalfunktionen Bewusstsein, Atmung und Herz-Kreislauf gewährleisten die Versorgung aller Zellen des Körpers mit Sauerstoff.

Erste Hilfe – ein Buch mit sieben Siegeln?

Gott sei Dank nicht! Viele scheuen sich vor der Ersten Hilfe, weil sie meinen, sie sei sehr kompliziert. So haben sie schon im Voraus Angst, bei der Ersten Hilfe etwas falsch zu machen und so dem Verletzten oder Erkrankten zusätzlich zu schaden.

Doch diese Angst ist unbegründet: Denn von nahem betrachtet ist Erste Hilfe kinderleicht. Schnell werden Sie feststellen, dass viele Handlungsabläufe immer gleich bleiben. Auch zwischen verschiedenen Notfallbildern werden Sie Ähnlichkeiten feststellen, sodass bei ihnen die gleichen Maßnahmen Anwendung finden. Deshalb lohnt es sich, zu Anfang dieses Buches das zusammenzufassen, „was immer richtig ist“:

Was immer richtig und gleich ist

- Das Vorgehen am Notfallort
- Das Vorgehen am Betroffenen
- Maßnahmen, die immer richtig sind: das **PAKET**

Das Vorgehen am Notfallort

Sie treffen an einem Notfallort ein. Jetzt müssen alle Untersuchungen und alle Maßnahmen zügig ablaufen. Wie gut ist es dann, wenn Sie ohne viel Nachdenken sofort wissen, womit Sie beginnen müssen und welche Maßnahmen folgen. Das gibt Ihnen die nötige Sicherheit und Ruhe, die sich auch auf den Betroffenen positiv auswirken.

Die Checkliste beschreibt die Maßnahmen, die der Ersthelfer in der „Rettungskette" für die Versorgung des Betroffenen leistet. Diesen folgen Maßnahmen des Rettungsdienst- und Krankenhauspersonals. Das gewählte Bild der „Rettungskette" will deutlich machen, wie wichtig und wertvoll der Ersthelfer für den Erfolg der Versorgung ist: „Jede Kette ist nur so stark wie ihr schwächstes Glied". Die Abbildung auf der folgenden Seite beschreibt die Bestandteile der Rettungskette im Detail.

Übersicht: das Vorgehen am Notfallort

0	*Ruhe bewahren und Überblick verschaffen*	• *Absicherungs- und/oder Eigensicherungsbedarf?* • *Hinweise auf die Notfallursache?* • *Erste Hinweise auf die Art der Verletzung oder Erkrankung?*
1	*Lebensrettende Sofortmaßnahmen*	• *Gefahren beseitigen/Absichern/Eigensicherung* • *Bei Bedarf: Retten aus dem Gefahrenbereich* • *Sicherung der lebenswichtigen Funktionen*
2	*Notruf*	
3	*Weitere Erste-Hilfe-Maßnahmen*	• *Von der Ruhigstellung von Knochenbrüchen über die Versorgung kleiner Wunden bis hin zur Übergabe an den Rettungsdienst*

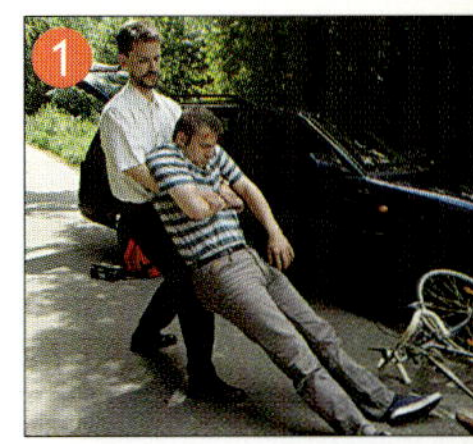

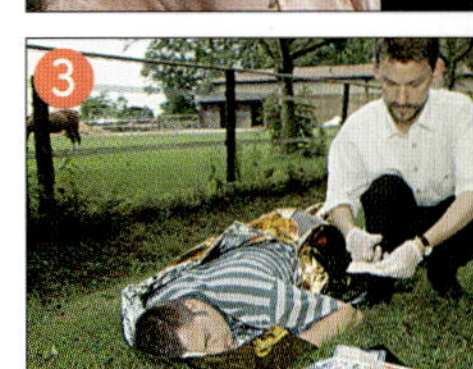

Die Rettungskette

0 Ruhe bewahren – Überblick verschaffen

„In der Ruhe liegt die Kraft": Deshalb rennen Sie nie auf den Betroffenen zu. Die Atemlosigkeit und Hektik, mit der Sie bei ihm ankommen, überträgt sich auch auf ihn. Nutzen Sie stattdessen lieber die Zeit, sich auf den ersten Blick einen Überblick zu verschaffen und zum Teil regelrecht mit detektivischem Spürsinn wichtige Hinweise am Notfallort wahrzunehmen.

Absicherungs- und/oder Eigensicherungsbedarf?

▶ Was könnte Sie, Ihren anvertrauten Verletzten/Erkrankten oder Dritte (z.B. den nachfolgenden Verkehr) gefährden?
▶ Viele Gefährdungen finden Sie unter „*Gefahren beseitigen, Absichern und Eigensicherung*" zusammengefasst.

Hinweise auf die Notfallursache?

▶ Entdecken Sie am Notfallort Hinweise, die auf die Ursache für die Verletzung oder die akute Erkrankung schließen lassen? Einige Beispiele:

- ▷ Hinweise auf einen Unfall: z.B. umgestürzte Leiter; verrutschter Teppich; Vorfinden am Fuße einer Treppe
- ▷ Hinweise auf eine Vergiftung: z.B. Medikamentenverpackungen; Essen mit Pilzen auf dem Tisch
- ▷ Hinweise auf eine akute Erkrankung: z.B. Vorfinden im Bett; Fehlen der oben genannten Hinweise

Erste Hinweise auf die Art der Verletzung oder Erkrankung?

Schon aus einiger Entfernung können Sie Verdachtsmomente erkennen, die auf bestimmte Verletzungen oder Erkrankungen hinweisen. Aber auch die

Schwere der Störung der Vitalfunktionen können Sie oftmals schon auf den ersten Blick abschätzen:

- Lage des Betroffenen, z. B.:
  - Regungslos im Raum liegend: bewusstlos
  - Mit steil aufgerichtetem Körper sitzend: Probleme in der Brust (Atmung oder Herz)
  - Sich krümmend auf der Seite liegend: Probleme im Bauch
- Hautfarbe, besonders im Gesicht, z. B.:
  - Blaufärbung: Sauerstoffmangel
  - Fahle Blässe: Kreislaufstörung
- Sichtbare Verletzungen wie Blutungen oder deutliche Fehlstellungen der Extremitäten
- Verändertes Verhalten
- Hinweise von Passanten, Verwandten und anderen Personen

1 Lebensrettende Sofortmaßnahmen

Sicherheit muss im Notfall groß geschrieben werden. Von Ihnen wird als Ersthelfer kein falsches Heldentum erwartet. Sie müssen genauso Ihre Grenzen kennen. So kann in manchen Fällen – wie bei Starkstromunfällen oder Unfällen mit Gas – der unverzügliche Notruf, mit dem Sie schnellstmöglich technische Hilfe herbeiholen, die einzige Maßnahme sein, die Sie ohne erhebliche eigene Gefahr durchführen können.

Gefahren beseitigen, Absichern und Eigensicherung

Grundsätzlich gehen Maßnahmen des Absicherns und der Eigensicherung vor

Gefahrzettel

feuergefährlich, flüssige Stoffe (Grund: rot)

feuergefährlich, feste Stoffe (Grund: weiß/rot)

selbst entzündend (Grund: weiß/rot)

entzündend wirkende Stoffe oder organische Peroxide (Grund: gelb)

ätzend (Grund: weiß/schwarz)

radioaktiv (Grund: weiß)

giftig (Grund: weiß)

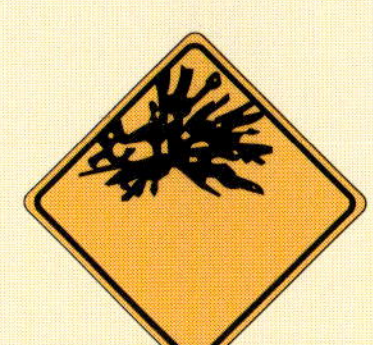

explosionsgefährlich (Grund: orange)

Gefahrguttafeln

Die orangen Gefahrguttafeln mit Kemmler-Zahl sind vorn, hinten und teilweise auch an den Seiten von Gefahrgut-Transportern angebracht. Die obere Nummer kennzeichnet die Gefahren, die vom Ladegut ausgehen, die untere Nummer bezeichnet die genaue Substanz (in diesem Beispiel: Benzin).

Die erste Ziffer der oberen Nummer kennzeichnet die Hauptgefahr:

- *2 Gas*
- *3 entzündbarer flüssiger Stoff*
- *4 entzündbarer fester Stoff*
- *5 entzündend wirkende Stoffe oder organische Peroxide*
- *6 giftige Stoffe*
- *8 ätzende Stoffe*
- *9 Gefahr einer spontanen heftigen Reaktion*

Die zweite Ziffer der oberen Nummer kennzeichnet zusätzliche Gefahren:

- *0 ohne zusätzliche Gefahr*
- *1 Explosionsgefahr*
- *2 Entweichen von Gasen*
- *3 Entzündbarkeit*
- *5 entzündende (oxidierende) Eigenschaften*
- *6 Giftigkeit*
- *8 Ätzbarkeit*
- *9 Gefahr bei heftigen Reaktionen (durch Selbstzersetzung oder Polymerisation)*

Wichtig für Ihre Eigensicherung: das Anziehen von Einmalhandschuhen

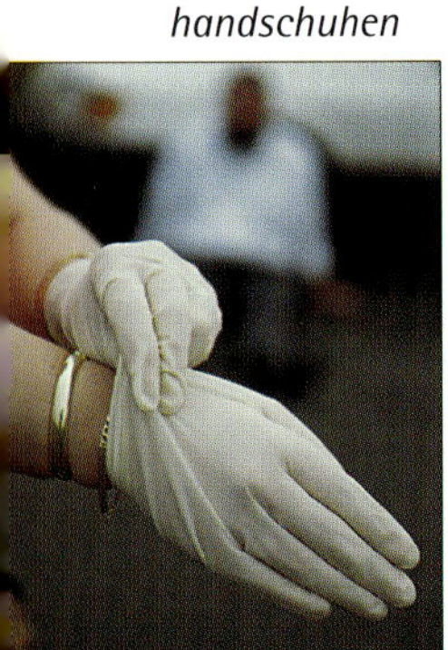

Maßnahmen am Betroffenen. Die Sicherheit vieler – z. B. nach einem Verkehrsunfall – geht vor die Rettung eines Einzelnen.

Wenn Sie sich einen Überblick verschafft haben, erkennen Sie auch Gefahren wie:

- Freisetzung von Gasen oder gefährlichen Substanzen
- Kontaktgifte
- Feuer-/Explosionsgefahr
- (Stark-)Strom
- Laufende, gefährliche Maschinen
- Fließenden Verkehr
- Infektionsgefahr

In vielen Bereichen werden Sie durch Kennzeichnungen, Warntafeln u. Ä. auf besondere Gefahren hingewiesen: z. B. im Betrieb, bei Gefahrguttransportern, bei Verpackungsbeschriftungen von gefährlichen Substanzen.

Vorbeugen

In allen Bereichen der Ersten Hilfe sind folgende Maßnahmen zu Ihrer eigenen Sicherheit richtig und wichtig:

- Bei möglichem Kontakt mit Körperflüssigkeiten wie Blut oder Kontaktgiften: Einmalhandschuhe anziehen

- Bei der Beatmung: Bei Kontaktgiften kann der Betroffene nur mit Hilfsmitteln beatmet werden (Beatmungsmaske, Beatmungsbeutel). Verwenden von Beatmungstüchern oder -hilfen bei möglichem Kontakt mit Körperflüssigkeiten

Wir begegnen Notfällen in ganz verschiedenen Bereichen unseres täglichen Lebens: Beruf und Betrieb; Freizeit, Reise und Sport; Familie und Haushalt; Straßenverkehr. Entsprechend unterschiedliche Gefahren können dort bestehen, die besondere und zusätzliche Maßnahmen des Absicherns und der Eigensicherung erfordern.

Beruf und Betrieb

- Freisetzung von Gasen oder gefährlichen Substanzen?
  - Vermeiden Sie offenes Feuer oder Funken.
  - Wahren Sie einen Sicherheitsabstand und halten Sie Personen von dem Gefährdungsbereich fern.
  - Bei Gasaustritt Absperrvorrichtung betätigen.
  - Bei Kohlendioxid (CO_2) in Jauchegruben, Silos, Weinkellern: In der Regel ist eine Rettung nur mit Atemschutz (Feuerwehr) möglich. (Da Kohlendioxid schwerer als Luft ist, bildet es am Boden einen See und verdrängt dort den Sauerstoff.) Ist der Betroffene in unmittelbarer Reichweite und entscheidet man sich zur Rettung, muss der Helfer grundsätzlich über eine Leine gesichert werden.
- Feuer-/Explosionsgefahr?
  - Vorsicht bei Kohlendioxidlöschanlagen (Erstickungsgefahr, Erfrierungen, *siehe „Vorbeugender Brandschutz", S. 124ff.*).
  - Fettbrände nie mit Wasser löschen: Die Temperatur des heißen Fettes liegt weit über dem Siedepunkt des Wassers, das sich beim Löschversuch explosionsartig ausbreiten würde.
- (Stark-)Strom?
  - Sicherung(en) ausschalten.
  - Bei Starkstrom: Sicherheitsabstand von mindestens 5–10 m wegen Lichtbogeneffekt und Spannungstrichter einhalten; in besonderen Gefährdungsbereichen wie Umspannwerken nur auf markierten Flächen bewegen.
- Laufende, gefährliche Maschinen
  - Notaus-Schalter betätigen.

Freizeit, Reise und Sport

- Kontaktgifte?
  - Vergiftung mit Insektiziden: Einmalhandschuhe anziehen und Beatmung nur mit Hilfsmitteln!
- Einbruch im Eis?
  - In der Regel ist eine Rettung nur mit technischer Hilfe (Feuerwehr) möglich. Akzeptieren Sie Ihre Grenzen.
  - Bei einer Rettung sollten Sie sich auf allen vieren annähern und die Auflagefläche vergrößern (z. B. durch eine Leiter); der Helfer muss über eine Leine gesichert werden!
- Badeunfall
  - Akzeptieren Sie Ihre Grenzen: Überschätzen Sie nicht Ihre Schwimm-

künste und unterschätzen Sie nicht die Gefährlichkeit des jeweiligen Gewässers (Strömungen).

▷ Bei der Rettung: keinen Kopfsprung in unbekanntes Wasser, stattdessen Hocksprung

Familie und Haushalt

▶ Freisetzung von Gasen oder gefährlichen Substanzen?

▷ Bei (Stadt-)Gas: Funken und offenes Feuer vermeiden, selbst Klingeln unterlassen. Stattdessen Bewohner durch Rufen u. Ä. warnen.

▷ Bei Kohlendioxid (CO_2), wie es z. B. in Sickergruben vorkommen kann: *siehe oben „Beruf und Betrieb“.*

▷ Bei Kohlenmonoxid (CO) durch einen schlecht ziehenden Ofen oder z. B. bei Selbstmordversuch mit Autoabgasen (in einer Garage bei laufendem Motor): Funken und offenes Feuer vermeiden, da Kohlenmonoxid zusammen mit Sauerstoff ein Knallgasgemisch bilden kann. Wenn es ohne Eigengefährdung möglich ist, sollte der Ersthelfer für eine Durchlüftung des Raumes sorgen. Erst dann kann er den Betroffenen aus dem Raum retten. Dabei muss der Helfer grundsätzlich durch eine Leine gesichert werden.

▶ Feuer-/Explosionsgefahr?

▷ Fettbrände nie mit Wasser löschen! Flammen in einer Pfanne können durch Abdecken (z. B. Pfannendeckel) gelöscht werden. *(Siehe auch „Vorbeugender Brandschutz“, S. 124ff.)*

Sichern Sie die Unfallstelle in ausreichendem Abstand mit dem Warndreieck ab.

Straßenverkehr

▶ Freisetzung von Gasen oder gefährlichen Substanzen?

▷ Achten Sie darauf, ob ein Gefahrguttransporter am Unfall beteiligt war und ggf. gefährliche Substanzen auslaufen.

▷ Bei auffälligem Geruch, auslaufenden Flüssigkeiten oder austretenden Gasen und ähnlichen Warnhinweisen halten Sie Sicherheitsabstand und halten sich nicht in Windrichtung dazu auf. Kein offenes Feuer!

▷ Merken Sie sich die Zahlen auf den Gefahrguttafeln am betroffenen Fahrzeug. Sie sind für die Feuerwehr bei Ihrem Notruf sehr hilfreich *(siehe S. 14).*

▶ Feuer-/Explosionsgefahr?

▷ *Siehe „Vorbeugender Brandschutz“, S. 124ff.*

▶ Fließender Verkehr?

▷ Schalten Sie schon bei der Annäherung an die Unfallstelle das Warnblinklicht ein; fahren Sie langsam heran, vermeiden Sie scharfes Bremsen.

▷ Halten Sie in ausreichendem Abstand von der Unfallstelle, bringen Sie dabei Ihr Auto vor der Unfallstelle zum Stehen, so wirkt es während Ihrer Versorgung der Betroffenen als Schutz („Puffer“) zwischen Ihnen und dem nachfolgenden Verkehr; öffnen Sie zudem Ihren Kofferraum als Blickfang.

▷ Stellen Sie ein Warndreieck und ggf. eine Warnleuchte in ausreichendem Abstand auf. Faustregel: in Metern mindestens so weit, wie in km/h gefahren wird (in Orten 50 m, auf Landstraßen 100 m).

- Bei einer Unfallstelle an schlecht einsehbaren Stellen (Bergkuppe, Kurvenverlauf etc.) sollte das Warnzeichen vor diesem Sichthindernis aufgestellt werden. Denken Sie an den Gegenverkehr.
- Beim Weg zum Aufstellen halten Sie sich sehr weit am Fahrbahnrand oder hinter den Leitplanken. Halten Sie das Warndreieck vor sich und zeigen Sie dem entgegenkommenden Verkehr durch Winken an, dass er langsamer fahren muss. Nehmen Sie nachts nach Möglichkeit eine Taschenlampe zur Hilfe.
- Stellen Sie die Zündung des Unfallwagens ab.
- Achten Sie auf auslaufendes Benzin oder Anzeichen eines entstehenden Brandes.
- Vermeiden Sie an der Unfallstelle auf jeden Fall Funken und offenes Feuer. Auch die „Beruhigungszigarette“ für den aufgeregten Unfallfahrer ist tabu!

Bei Bedarf: Retten aus dem Gefahrenbereich

Ein möglicher Brand, fließender Verkehr, in der Nähe austretende gefährliche Substanzen etc. sind Gefahren, bei denen man den Betroffenen schnell aus dem unmittelbaren Gefahrenbereich retten sollte. Ist der Betroffene bewusstlos und kann deshalb nicht bei seiner Rettung behilflich sein, hilft der Rautek-

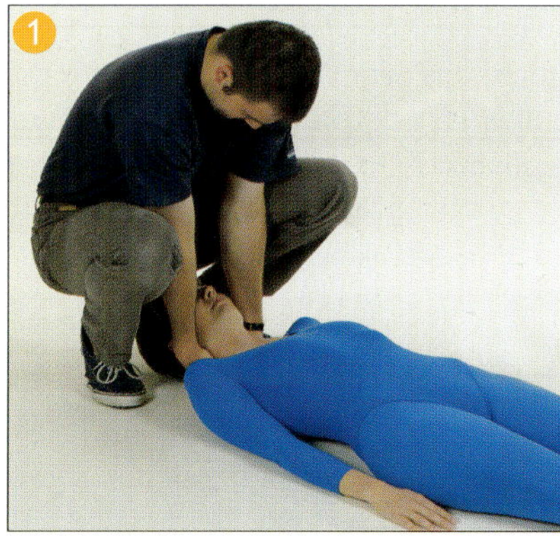

Rettungsgriff. Mit ihm bekommen auch „zartere Persönchen“ einen „schweren Brocken“ gerettet, denn die richtige Technik und nicht alleine Kraft macht den Erfolg aus. Wenn der Betroffene auf dem Rücken liegt:

- Stellen Sie sich an das Kopfende.
- Greifen Sie nun mit beiden Händen unter Schulter/Hals/Kopf des Betroffenen (1) und richten Sie dann seinen Oberkörper mit genügend Schwung bis zur Sitzposition auf.
- Stützen Sie ihn in dieser Position mit Ihren Beinen/Knien ab (2).

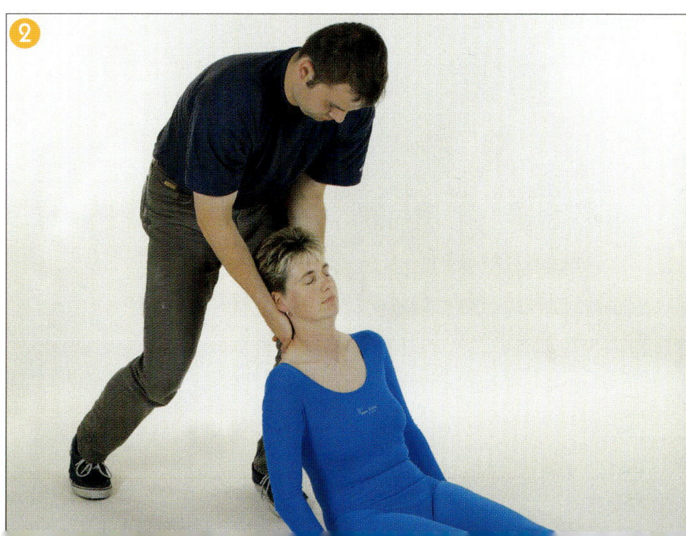

3

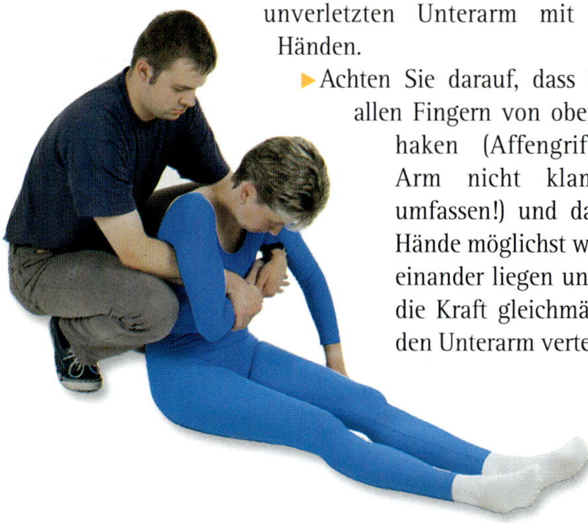

▶ Greifen Sie unter seinen Achseln durch und ergreifen einen möglichst unverletzten Unterarm mit beiden Händen.

▶ Achten Sie darauf, dass Sie mit allen Fingern von oben überhaken (Affengriff; den Arm nicht klammernd umfassen!) und dass Ihre Hände möglichst weit auseinander liegen und somit die Kraft gleichmäßig auf den Unterarm verteilen 3.

4

▶ Gehen Sie leicht in die Knie und ziehen Sie den Betroffenen anschließend mit genügend Schwung auf Ihren Oberschenkel.

▶ Auf diesem „Stützbein" ziehen Sie ihn rückwärts aus der Gefahrenzone 4.

▶ Wichtiger Tipp: Schonen Sie Ihren Rücken! Beim Anheben des Betroffenen gehen Sie senkrecht aus den Knien nach oben. Heben Sie nie mit nach vorne gebeugtem Rücken. Legen Sie den Betroffenen schnell auf einem Bein ab, um Ihre Wirbelsäule zu entlasten.

Straßenverkehr

Wenn der Betroffene im Fahrzeug sitzt:

▶ Ist der Betroffene Brillenträger, sollten Sie ihm zunächst die Brille vorsichtig abnehmen A.

▶ Stellen Sie den Motor aus B und schieben Sie anschließend den Sitz – wenn möglich – weiter zurück.

▶ Lösen Sie den Sicherheitsgurt C oder schneiden Sie ihn notfalls durch (Gurtmesser).

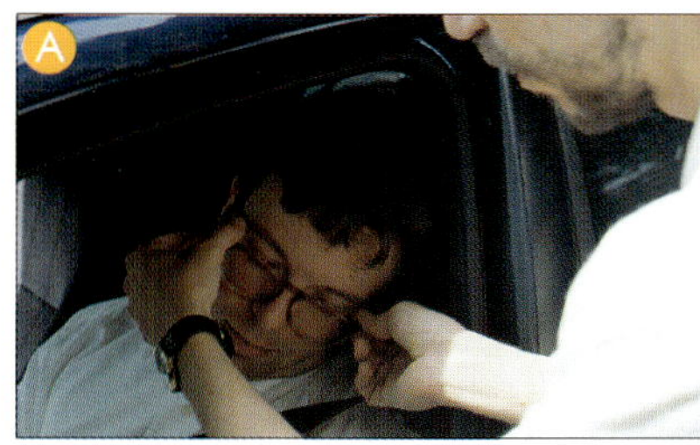

▶ Befreien Sie ggf. eingeklemmte Beine des Betroffenen.

▶ Drehen Sie den Betroffenen im Sitz zu sich. Fassen Sie dazu mit einer Hand am Rücken vorbei an der fernen Hüfte. Während Sie mit der einen Hand dort ziehen, drücken Sie mit der anderen das nahe Knie von sich weg D.

▶ Nun sitzt der Betroffene in einer Position, in der Sie den Rautek-Rettungsgriff anwenden können E. Ist ein weiterer Helfer anwesend, sollte dieser die Füße tragen F.

D
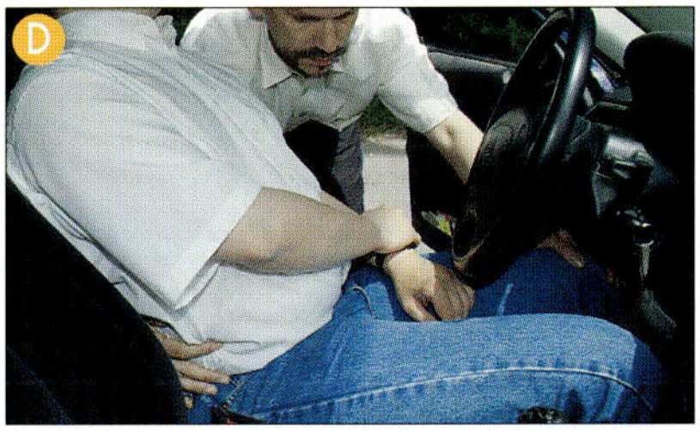

E

F
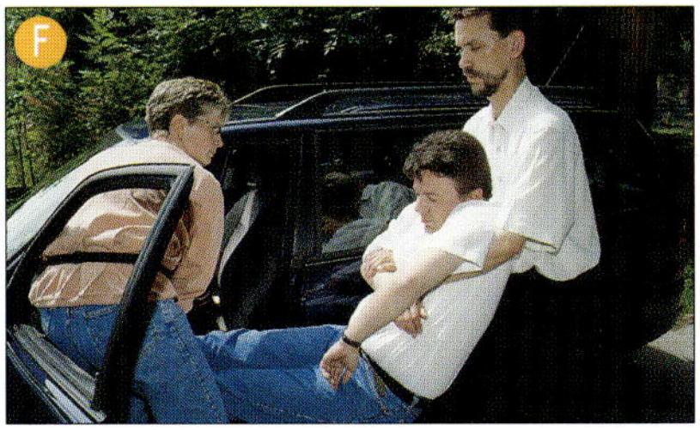

1
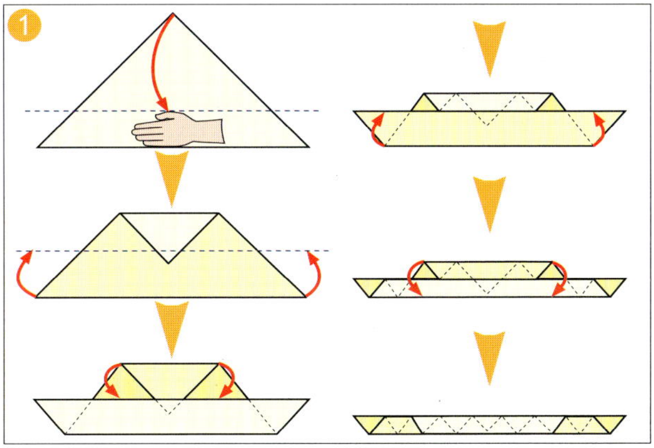

Retten mit dem Tragering

Bewusstseinsklare Betroffene, die z.B. lediglich nicht gehfähig sind, können bei ihrer eigenen Rettung behilflich sein. Hier bietet sich die Rettung mit dem Tragering an. Dazu verwenden wir unsere „Erste-Hilfe-Allzweckwaffe“: das Dreiecktuch.

▶ Falten Sie das Dreiecktuch zur „Krawatte“. Legen Sie dazu die Spitze des Tuches bis eine Handbreit unter die Basis. Schlagen Sie nun die Basis zweimal um eine Handbreit um. Machen Sie dasselbe mit dem oberen Teil 1. Und schon liegt die „Dreiecktuchkrawatte“ vor Ihnen, die Ihnen in der Ersten Hilfe noch öfter begegnen wird *(siehe „Rund um Wunden“, S. 74ff.; „Rund um Knochen und Gelenke“, S. 94ff.)*.

▶ Jetzt wickeln Sie den Tragering: Legen Sie dazu die Krawatte einmal um Ihre Hand. Schlagen Sie die beiden Enden übereinander. Nun umwickeln Sie den entstandenen Ring mit den beiden Enden. Dabei arbeiten Sie sich mit die-

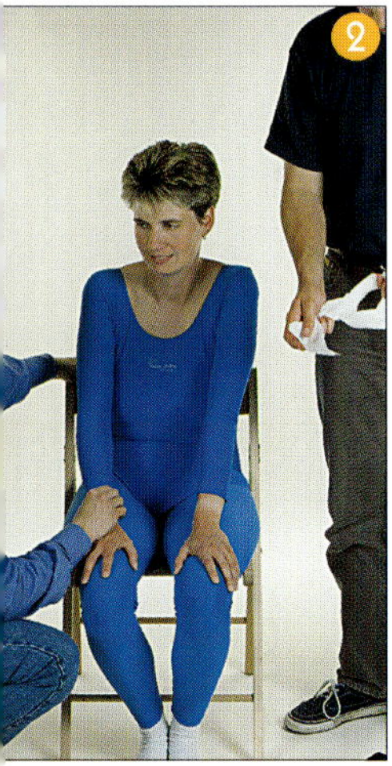

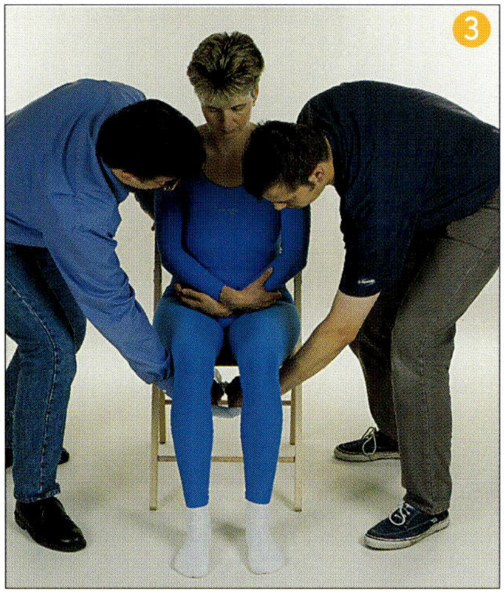

sen Enden erst in entgegengesetzter Richtung vor. Später treffen sich die Enden auf der gegenüberliegenden Seite, wo sie verknotet werden. Auch dieser Tragering wird Ihnen später unter anderem Namen, nämlich als „Polsterring", wieder begegnen. Dann dient er zur Polsterung von Fremdkörpern oder zum Schutz druckempfindlicher Wundbereiche, z. B. bei Schädelverletzungen *(siehe S. 89)*.

- Stellen Sie sich auf die eine Seite des sitzenden Betroffenen und bitten Sie einen zweiten Helfer, dies auf der anderen Seite zu tun 2. Greifen Sie mit Ihrer zum Knie des Betroffenen zeigenden Hand von oben in den Tragering.
- Reichen Sie den Tragering unter den Beinen des Betroffenen dem zweiten Helfer durch, der ebenfalls von oben in den Ring greift 3.
- Bitten Sie nun den Betroffenen, sich an Ihnen und dem zweiten Helfer festzuhalten. Sie selber umfassen genauso wie der zweite Helfer den Rücken des Betroffenen, um ihm sicheren Halt zu geben. Nun heben Sie an und tragen den Betroffenen aus dem Gefahrenbereich 4.

Beruf und Betrieb

Retten mit weiteren Hilfsmitteln:

- Dem Rettungstuch A
- Der Trage B

Die lebensrettenden Sofortmaßnahmen

Erst jetzt können Sie Ihre Arbeit am Betroffenen beginnen. Dabei werden Sie im ersten Schritt die lebenswichtigen Funktionen überprüfen und wichtige Hinweise auf Verletzungen oder akute Erkrankungen sammeln: Der *„diagnostische Block"* und der *„Bodycheck"* – beides werden Sie im nächsten Abschnitt *„Vorgehen am Verletzten"*

„Outdoor" Retten und Transport

Wie kann man am besten einen Patienten über weite Strecken hinweg transportieren?

Die wichtigste Erkenntnis zum Transportieren über längere Distanzen ist: Es ist praktisch unmöglich. Auch in einer Gruppe mit mehreren Helfern, selbst mit den besten Tragetechniken und unter besten Bedingungen ist ein Tragen von Verletzten oder Erkrankten über mehr als 5–10 km nur unter übermäßigen Kraftanstrengungen für Helfer und Verletzten möglich. Das bedeutet, dass wir selbst in der „Wildnis" einen Patienten nur bis zu unserem „Notfall-Camp" tragen.

Welche Techniken sind für den Transport zur nächsten Lagermöglichkeit empfehlenswert?

Wenn zwei oder mehr Helfer zur Verfügung stehen, sollte man aus zwei armdicken Holzstangen und einem Schlafsack eine Trage herstellen: Dafür öffnet man den Schlafsack am Fußende und fixiert den Reißverschluss so, dass er sich nicht bewegen kann. Die mindestens 2,5 m langen Stangen werden dann in den Schlafsack hineingelegt, sodass sie unten und oben knapp 50 cm herausschauen. Wenn man eine Isomatte zur Verfügung hat, kann man sie zur zusätzlichen Polsterung verwenden. Für das Tragen selbst ist es für die Helfer eine Erleichterung, die Holme in die Tragegurte ihres Rucksacks einzuhängen – dann tragen sie den Patienten mit dem Tragesystem ihres Rucksacks anstatt mit den Armen.

Und wenn ich mit dem Patienten alleine bin?

Dann überlege ich es mir natürlich zweimal, ob ein Transport wirklich notwendig ist, oder ob ich nicht doch am Ort des Geschehens biwakieren kann. Denn ein solcher Einmanntransport ist nicht besonders schonend für den Patienten. Liegt er jedoch beispielsweise im Steinschlag gefährdeten Gebiet, dann ist es meist am effektivsten, den eigenen Trekkingrucksack zum Tragesitz umzubauen. Dafür werden die Verschlussgurte des Bodenfachs mit den seitlichen Kompressionsgurten verbunden, wodurch im geöffneten Bodenfach eine Art Sitz entsteht. Oben wird der Patient ebenfalls über einen Spannriemen o. Ä. fixiert.

Kann ich diese Techniken irgendwo erlernen?

Natürlich. Auf den Outdoor-Erste-Hilfe-Seminaren der Johanniter bekommen Interessierte fachkundige Tipps für den Umbau des Rucksacks und üben alle Techniken im realistischen Gelände. Natürlich gehen die Seminarleiter auch auf alle anderen Erste-Hilfe-Probleme im Outdoorbereich ein und bereiten ihre Teilnehmer auf den Ernstfall vor.

Peter Oster ist einer der Initiatoren eines Erste-Hilfe-Seminars der besonderen Art: Outdoor-Erste-Hilfe. Seine Freiburger Kollegen und er haben sich auf Notfälle in der „Wildnis" spezialisiert. Sie trainieren ihre Seminarteilnehmer für die Rettung in Gebieten, in denen der organisierte Rettungsdienst Stunden oder gar Tage entfernt ist. Infos im Internet: www.outdoor-erste-hilfe.de

Die lebensrettenden Sofortmaßnahmen

Bei Störungen ...

... des Bewusstseins	• *Stabile Seitenlage*
... der Atmung	• *Freimachen und -halten der Atemwege: „lebensrettender Handgriff" zum Überstrecken des Kopfes* • *Ggf. Beatmung*
... der Herz-Kreislauf-Funktion	• *Herz-Kreislauf-Stillstand: Herz-Lungen-Wiederbelebung* • *Bedrohliche Blutung: Blutung stillen* • *Schock: Schockbekämpfung mit der Schocklage*

(siehe S. 24ff.) kennen lernen. Sind lebenswichtige Funktionen gefährdet oder bereits beeinträchtigt, ist unser erstes Ziel, diese zu sichern.

2 Der Notruf

Sind Sie allein an einem Notfallort, können Sie den Notruf erst nach den Lebensrettenden Sofortmaßnahmen (LSM) durchführen. Sind andere Personen am Notfallort, sprechen Sie eine gezielt an und geben ihr den Auftrag, den Notruf abzusetzen.

Mit dem Notruf geben Sie der Rettungsleitstelle wichtige Hinweise für die Entscheidung, welche Einsatzkräfte Ihnen zur Hilfe geschickt werden:

- Der Rettungsdienst und ggf. der Notarzt für die medizinische Hilfe
- Die Feuerwehr o. ä. technische Hilfe, z. B. bei Unfällen mit eingeklemmter Person, bei Feuer sowie bei allen Situationen, in denen die Helfer wegen Eigensicherungsbedarf nicht eingreifen können *(siehe „Gefahren beseitigen, Absichern und Eigensicherung", S. 13ff.)*
- Die Polizei, z. B. bei Verkehrsunfällen, bei Verdacht auf ein kriminelles Delikt

Eine wichtige Gedächtnisstütze, welche Informationen Sie der Rettungsleitstelle von sich aus liefern sollten, können Ihnen die „5 Ws des Notrufs" sein:

- **Wo ist es passiert?** Unfallort, Straße, Ortsbeschreibung
- **Was ist passiert?** Unfallhergang, besondere Gefahren
- **Wie viele Verletzte/Erkrankte?**
- **Welche Verletzungen/Erkrankungen?** Ungefähre Verletzungsschwere, besondere Zustände (z. B. Bewusstlosigkeit, Schock, Atemstillstand, Herz-Kreislauf-Stillstand)
- **Warten auf Rückfragen!**

Notrufmöglichkeiten

Bundesweit können Sie über die Feuerwehr-Nummer 112 den Notruf absetzen. Diese Nummer ist in allen Telefonzellen und Handys freigeschaltet, sodass Sie ohne Kleingeld oder PIN-Code telefonieren können. Ein Tipp des ADAC: Legen Sie für den Notruf-Fall Ihr altes Handy ins Handschuhfach. Neben Telefon im Festnetz und dem Handy bieten sich auch andere Notrufmöglichkeiten.

Beruf und Betrieb

Notrufsäulen o.ä. fest installierte Notrufeinrichtungen, die z.B. unmittelbar mit der Werksfeuerwehr verbinden.

Gerade bei großen Betrieben mit vielen Gebäuden und weiträumiger Anlage ist es wichtig, dass der Rettungsdienst eingewiesen wird. Kündigen Sie dem Rettungsdienst den Einweiser als Orientierungshilfe beim Notruf an. Entsprechende Planungen für solche Notfälle existieren in den Betrieben. Informieren Sie sich beim/bei den Sicherheitsbeauftragten Ihres Betriebes!

Hinweis der Berufsgenossenschaft

Wie läuft ein Notruf in größeren Betrieben ab?

Während in kleineren Betrieben der Notruf über die Notrufnummer 112 abgegeben werden kann, gibt es Betriebe, die ein eigenes Notrufsystem aufgebaut haben, um schnelle Hilfe zu gewährleisten. Falls noch nicht geschehen, sollten Sie sich möglichst jetzt über das Notrufsystem in Ihrem eigenen Betrieb informieren!

Dipl.-Ing. Joachim Berger
Hauptverband der gewerblichen Berufsgenossenschaften

Freizeit, Reise und Sport

Satellitennotrufsysteme (1) für Outdoor-Fans: Durch einen Peilsender können die Koordinaten des jeweiligen Aufenthaltsortes des Outdoorlers ermittelt und Einsatzkräfte entsandt werden. Informationen dazu erhalten Sie bei den Johannitern.

Familie und Haushalt

Hausnotrufgeräte (2) geben besonders älteren Mitbürgern die nötige Selbstständigkeit, sicher in Ihren eigenen vier Wänden zu leben. Im Notfall genügt ein Knopfdruck an dem wie ein Medaillon um den Hals getragenen Funkfinger, um über eine Freisprechanlage mit der Einsatzzentrale z.B. der Johanniter Sprechkontakt zu haben.

Straßenverkehr

Notrufsäulen: An Autobahnen weisen Pfeile an den Fahrbahnbegrenzungspfosten zur nächsten Notrufsäule. Außerdem: Betriebsfunk von Taxis, Bussen, Straßenbahnen etc.

3 Weitere Erste-Hilfe-Maßnahmen

Hier folgen Maßnahmen, die zwar den Gesamtzustand des Betroffenen verbessern sollen, aber nicht zu den lebensrettenden Maßnahmen zählen:

- Versorgung von Wunden ohne lebensbedrohliche Blutung
- Ruhigstellung von Knochenbrüchen
- Kühlung (z.B. Prellungen, Sonnenstich)

Beständig werden die später vorgestellten, als das **PAKET** zusammengefassten Maßnahmen fortgeführt.

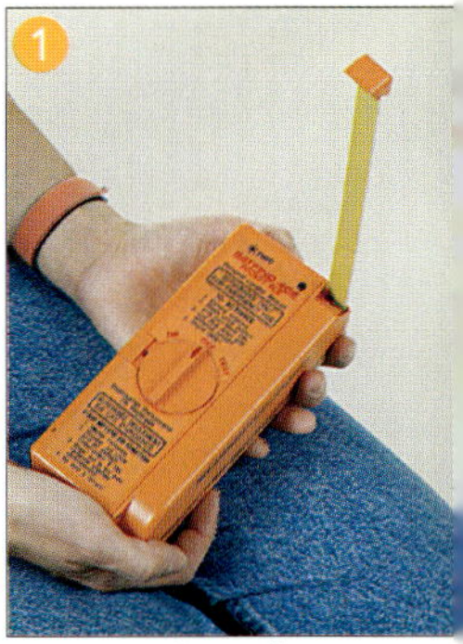
1

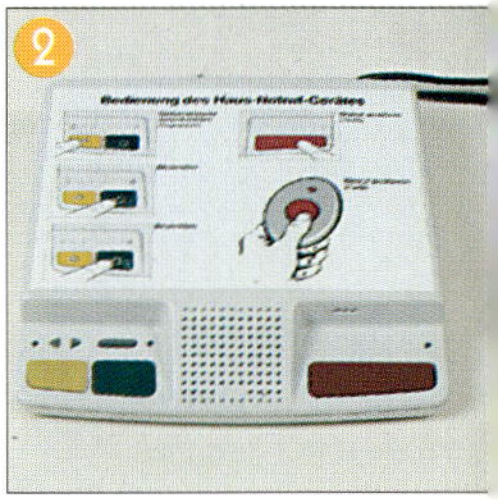
2

Das Vorgehen am Verletzten I: der diagnostische Block

Vorgehen am Verletzten

▶ **Untersuchen des Betroffenen:** Gleichgültig, welchen Notfall Sie vorfinden, einige Untersuchungen sind grundsätzlich wichtig und richtig.

▷ **Der diagnostische Block:** Die lebenswichtigen Funktionen kontrollieren.

▷ **Der Bodycheck:** die Ganzkörperuntersuchung

Auf den ersten Blick

Die vorgefundene Situation ❶ liefert Ihnen erste, wichtige Hinweise und Verdachtsmomente, die Sie im Folgenden versuchen zu bestätigen oder auszuschließen:

▶ Hinweise auf die Notfallursache (Unfall, Vergiftung, akute Erkrankung?)

▶ Erste Hinweise auf die Art und Schwere der Verletzung oder der akuten Erkrankung

Diese Hinweise bestimmen die Stoßrichtung und Schwerpunkte unserer Untersuchung. So ist uns klar, dass ein unbehindert daherredender Betroffener einwandfrei atmet, sodass wir uns nicht auf eine Atemkontrolle, sondern auf andere Untersuchungen konzentrieren werden. Anders bei einem regungslos daliegenden Betroffenen, bei dem wir uns erst überzeugen müssen, ob er atmet.

Hinweise auf die Notfallursache?

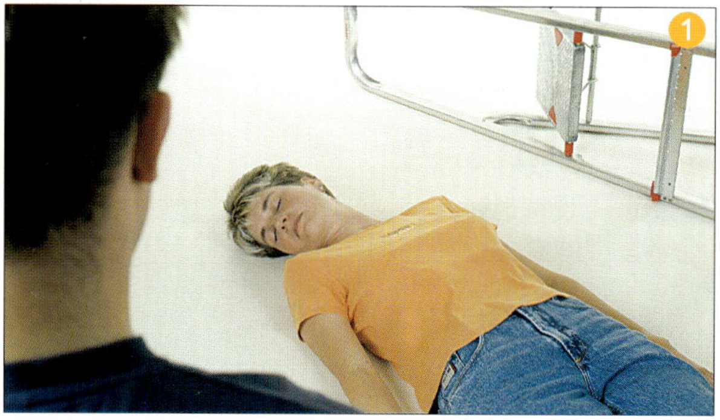

Lebenswichtige Funktionen kontrollieren

▶ Bewusstsein: Laut ansprechen, ggf. rütteln ❷.

▶ Atmung: durch Sehen, Hören, Fühlen

▷ Ist der Mund-Rachen-Raum frei? Wenn nicht: Räumen Sie zuerst den Mund-Rachen-Raum aus. Überstrecken Sie anschließend den Kopf *(siehe „Kontrolle der Atemwege und Atemwege freimachen", S. 37f.)*.

▷ Ist Atemluft zu spüren? Sind Atemgeräusche zu hören ❸? Hebt und senkt sich der Brustkorb ❹?

▶ Herz-Kreislauf: durch Puls fühlen

▷ Wo? Bei Ansprechbarkeit: innen an der Daumenseite des Unterarms knapp vor/unter dem Handgelenk ❺. Beim Bewusstlosen: an der Halsschlagader neben dem Kehlkopf ❻.

▷ Wie? Zählen Sie 15 Sekunden lang den Puls und rechnen anschließend den Wert „mal 4".

▷ Was? Achten Sie nicht nur auf das Tempo (die Frequenz) des Pulses, sondern auch ob er rhythmisch wirkt (Hinweise auf den Herzrhythmus). Ist der Puls flach und damit schlecht tastbar oder ist er stark und somit gut tastbar (Hinweise auf den Blutdruck)?

▶ Tipp: Merken Sie sich die Reihenfolge der Vitalfunktionskontrolle mit den drei Buchstaben der Rockgruppe BAP:

- ▷ **B**ewusstsein
- ▷ **A**tmung
- ▷ **P**uls

Achtung!

Stellen Sie Störungen der lebenswichtigen Funktionen fest, versuchen Sie zuerst durch die früher kennen gelernten lebensrettenden Sofortmaßnahmen gezielt einzugreifen *(siehe S. 35)*.

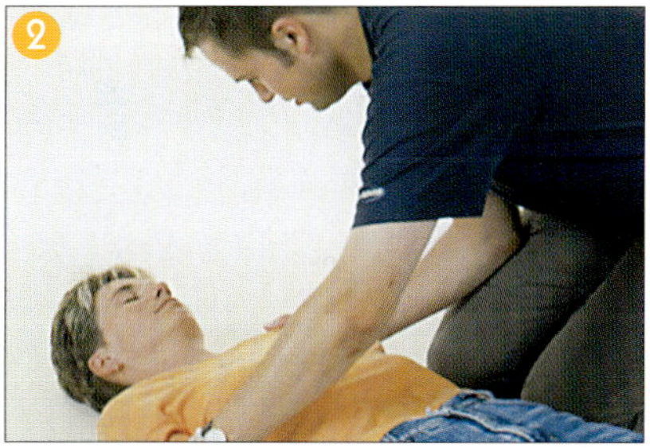

Laut ansprechen und/oder leicht rütteln

Atemkontrolle: durch Sehen, Hören, Fühlen

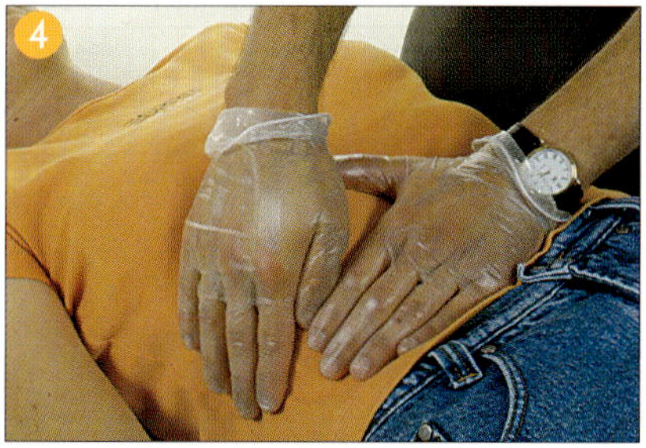

Atemkontrolle am Brustkorb

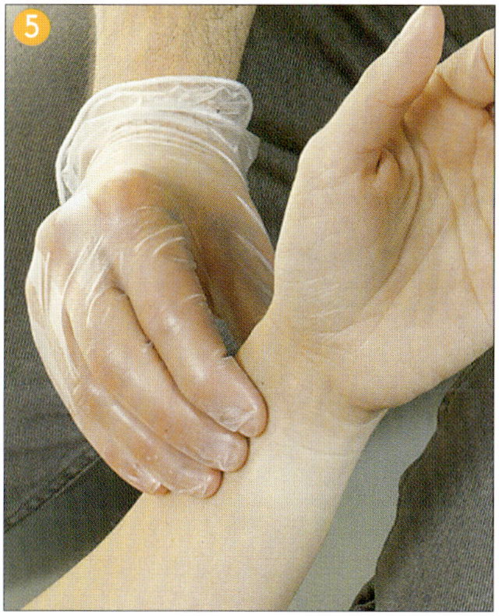

Pulskontrolle an der Speichenschlagader

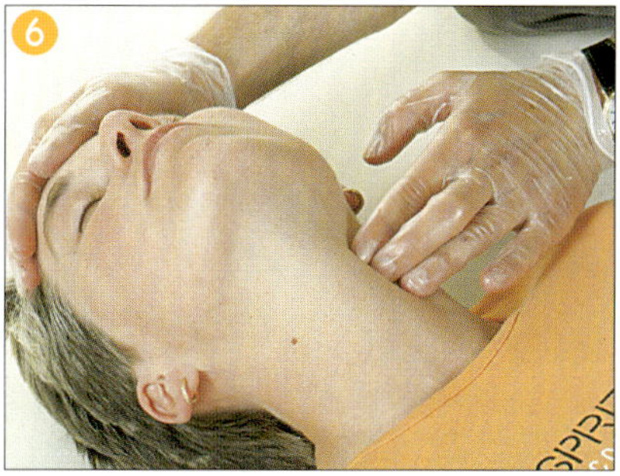

Pulskontrolle an der Halsschlagader

Das Vorgehen am Verletzten II: der Bodycheck

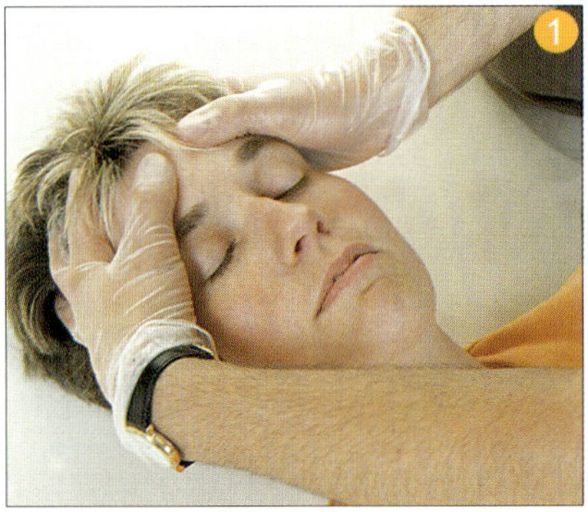

Verletzung am Schädel?

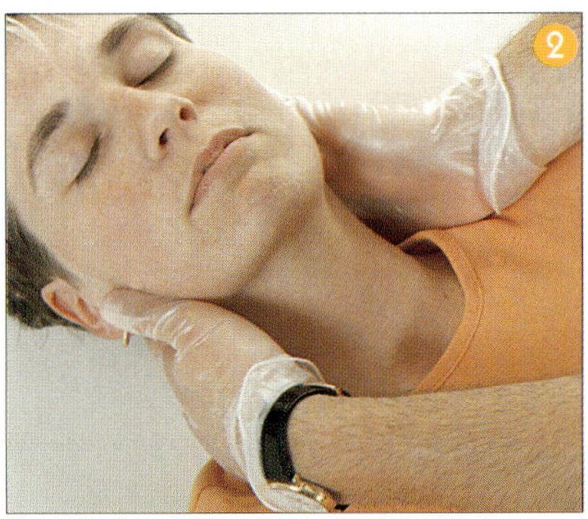

Verletzung an der Halswirbelsäule?

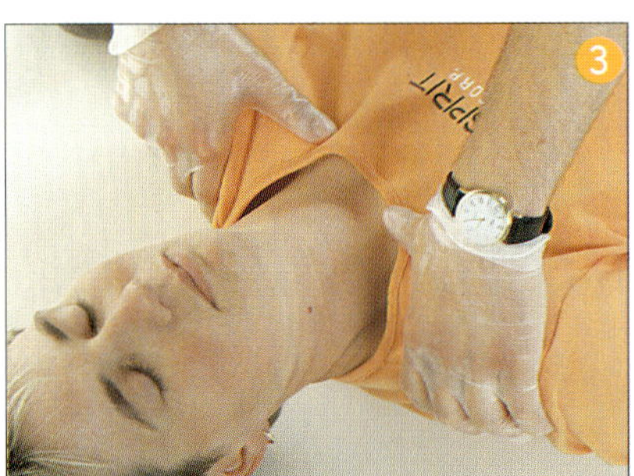

Verletzung am Schultergürtel?

Schließlich folgt der Bodycheck, bei dem Sie systematisch den gesamten Körper durch Sehen, Hören und Fühlen nach Veränderungen absuchen, die auf eine Verletzung oder eine akute Erkrankung hindeuten. Schon die Kinder lernen in der Ausbildung „Ersthelfer von morgen" bei den Johannitern, dass Sie grundsätzlich am Kopf anfangen und erst an den Füßen enden. Ansonsten passiert es schnell, dass Sie etwas übersehen oder durch eine sofort sichtbare Verletzung abgelenkt werden und nicht weitersuchen. Wir laden Sie ein, sich dieses Prinzip genauso wie die Kinder als die „5 Bs" einzuprägen:

Von Kopf bis Fuß (1)–(11):

- **B**irne
- **B**eide Arme
- **B**rust
- **B**auch
- **B**eide Beine

Hinweis

Alle Extremitäten werden dabei immer im Seitenvergleich untersucht, da z. B. eine Verkürzung eines Beines auf einen Knochenbruch hinweisen kann. Das Untersuchungsprinzip „Sehen, Hören, Fühlen" lässt sich nicht ohne Körperkontakt durchführen. Also überwinden Sie Ihre Hemmungen und fassen den Betroffenen entsprechend an. Legen Sie bei Verdachtsmomenten entsprechende Körperbereiche frei (z. B. Kontrolle der Bauchdecke auf Prellmarken).

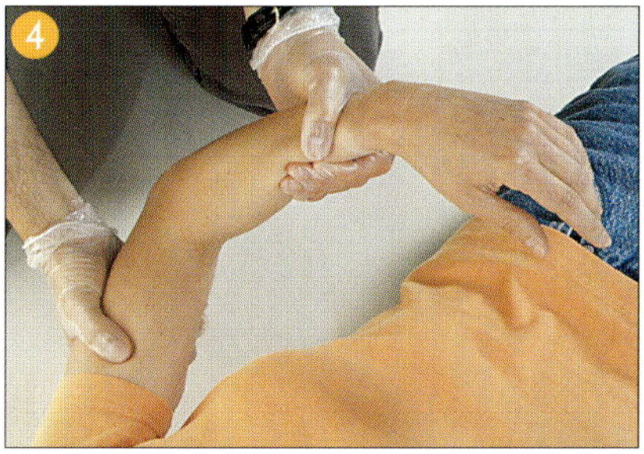

Verletzungen an den Armen?

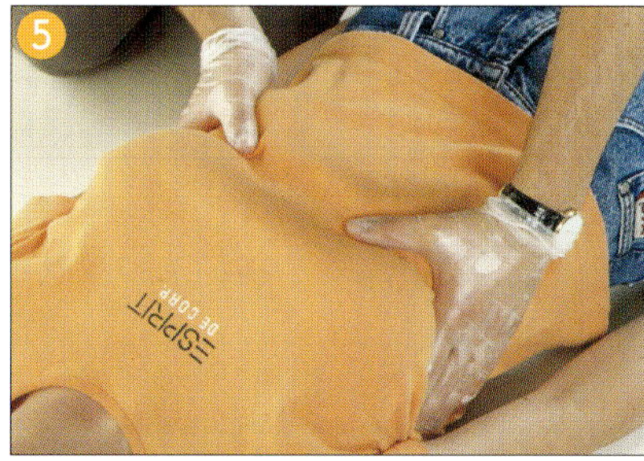

Brustkorb stabil?

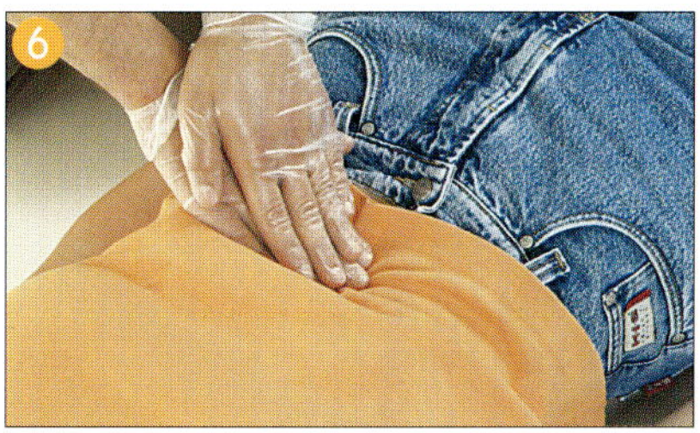

Abwehrspannung am Bauch?

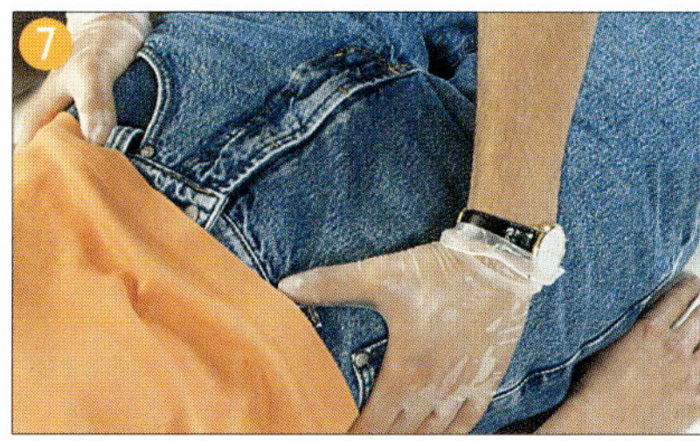

Becken stabil?

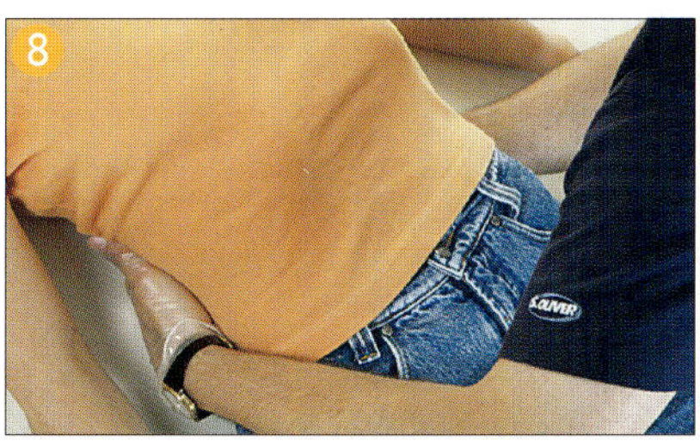

Verletzungen an der Lendenwirbelsäule?

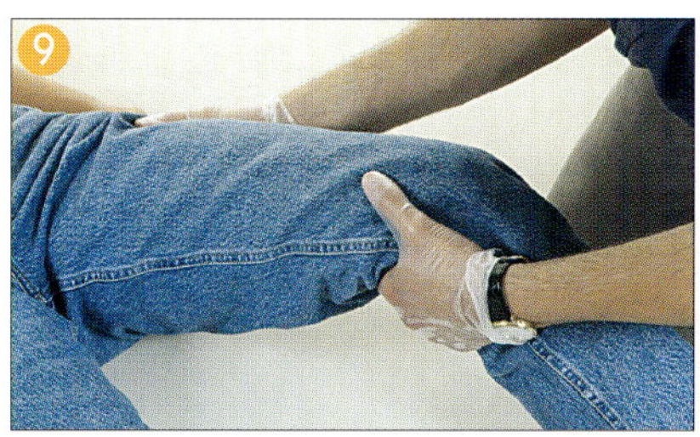

Verletzungen an den Beinen?

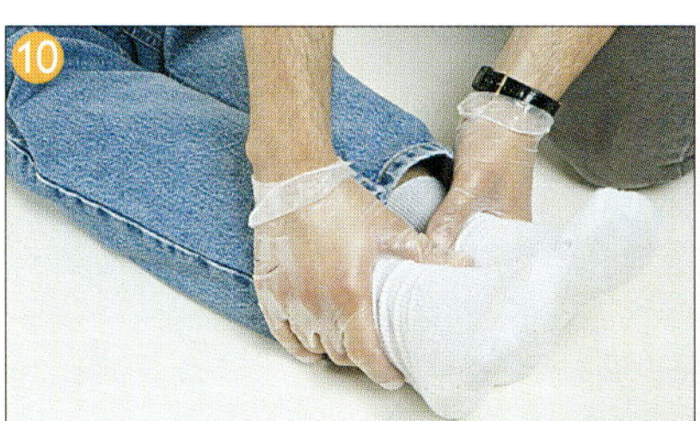

Seitenvergleich!

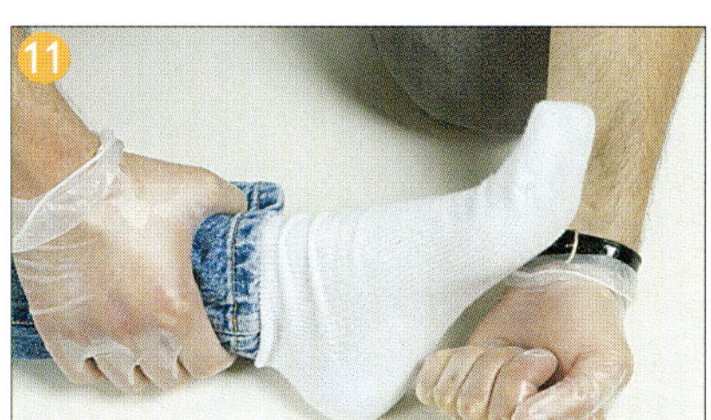

Stauchungsschmerz?

Der gesamte Untersuchungsablauf

Untersuchungsabschnitt	Beobachtet und untersucht wird
I. *Diagnostischer Block: Auf den ersten Blick*	• *Situation* • *Verhalten des Betroffenen* • *Hautfarbe des Betroffenen* • *Schaum vor dem Mund* • *Beim ersten Körperkontakt feststellbar* • *Sichtbare Blutungen* • *Sichtbare Fehlstellung/Form- und Lageveränderungen*

noch einmal in der Übersicht

Beispiel	Hinweis auf/Verdachtsmoment für
• *Beim Essen* • *Umgestürztes Fahrrad, umgestürzte Leiter* • *Strom, Feuer o. ä. Gefahrquellen* • *Aus dem Schlaf heraus*	• *Verlegung der Atemwege* • *Verletzung durch Stürze; Verlegung der Atemwege* • *Stromunfall; Verbrennung; Vergiftung* • *Schlaganfall, Herzinfarkt*
• *Regungslos liegend* • *Aufrecht (im Bett) sitzend, ggf. hustend* • *Gekrümmt liegend*	• *Bewusstlosigkeit, Atem- und/oder Herz-Kreislauf-Stillstand* • *Atemstörungen* • *Schmerzen im Bauchraum*
• *Blaufärbung* • *Gerötet* • *Schweinchenrosa*	• *Sauerstoffmangel durch Atemnot oder Unterkühlung* • *Hitzeschäden* • *CO-Vergiftung*
• *Transparent* • *Blutig* • *Blau oder andere Einfärbungen*	• *Atemwegserkrankungen* • *Epilepsie (bei Zungenbiss)* • *Kontaktgifte*
• *Heiße, trockene Haut* • *Warme, schweißnasse Haut* • *Kalte, schweißnasse Haut*	• *Hitzschlag, sehr hohes Fieber* • *Erhöhte Temperatur bis Fieber; ggf. Hitzeerschöpfung* • *Schock*
• *Geringfügig?* • *Lebensbedrohlich?*	• *Bagatellverletzung?* • *Lebensbedrohliche Verletzung (Schock!)*
	• *Knochenbrüche, ausgeprägte Schwellungen infolge Gewalteinwirkung*

Der gesamte Untersuchungsablauf

Untersuchungsabschnitt	Beobachtet und untersucht wird
I. *Diagnostischer Block: Vitalfunktionen kontrollieren*	• ***B**ewusstsein* • ***A**tmung* • ***P**uls (Herz-Kreislauf-Funktion)*
II. *Bodycheck*	Die 5 Bs: • ***B**irne* • ***B**eide Arme* • ***B**rust* • ***B**auch* • ***B**eide Beine*

noch einmal in der Übersicht

Beispiel	Hinweis auf/Verdachtsmoment für
• *Bewusstseinsklar?* • *Bewusstseinsgetrübt?* • *Bewusstlos?*	• *Gewalteinwirkungen auf den Kopf; Schock; Stoffwechselerkrankungen*
• *Vorhanden? (Tiefe, Atemgeräusche)*	• *Atemstörungen; Atemstillstand*
• *Vorhanden? (Stärke, Frequenz)*	• *Schock; Herz-Kreislauf-Stillstand; Herzrhythmusstörungen; Herzinfarkt*
• *Verletzungszeichen wie Wunden, Blutungen, Fremdkörper, Schmerzen, Schwellung*	• *Wunden*
• *Verletzungszeichen wie Bluterguss, Schmerzen, Schwellung, Fehlstellung, Beweglichkeit in gelenkfreien Abschnitten*	• *Verletzung der Knochen und Gelenke*
• *Veränderung der Pupillen:* *1. Weit und lichtstarr* *2. Seitendifferenz* *3. Eng, stecknadelkopfgroß*	• *Zu 1.: starker Sauerstoffmangel (z.B. bei Atemstillstand, ausgeprägtem Schlaganfall oder Schädel-Hirn-Verletzung)* *Zu 2.: Schlaganfall* *Zu 3.: Vergiftung mit Morphinen*
• *Sickerblutung aus Mund, Ohr, Nase oder Augenwinkeln (ggf. mit Kopfschmerzen, Übelkeit, Schwindel, Erinnerungslücke)*	• *Schädel-Hirn-Verletzung (Schädelbasisbruch, Gehirnerschütterung)*
• *Hautveränderungen und Juckreiz*	• *Allergische Reaktion*
• *Fremdkörper in Mund, Rachen*	• *Verlegung der Atemwege*
• *Veränderungen der Atmung (Einziehen des Brustkorbs, Seitendifferenz)*	• *Verletzungen des Brustkorbs, Atmungserkrankungen*
• *Abwehrspannung des Bauches*	• *Verletzungen oder hochakute Erkrankungen des Bauchraumes*
• *Einnässen und/oder -koten*	• *Ggf. Wirbelsäulenverletzung*
• *Störungen der Bewegung und der Empfindung an Armen und Beinen*	• *Schädigung von Nerven, z.B. durch eine Wirbelsäulenverletzung*

Basismaßnahmen: das PAKET

Egal welchem Notfall Sie begegnen, einige Maßnahmen sind immer richtig. Diese Basismaßnahmen nennen wir das **PAKET**: **PA**: **P**uls und **A**tmung wiederholt kontrollieren, **K**: **k**urzer Notruf, **E**: **E**igenwärme erhalten, **T**: **T**rösten.

1 Ständige Kontrolle der Vitalfunktionen

Einmalige Kontrolle am Anfang reicht nicht aus; wiederholen Sie diese zwischendurch immer wieder, bis der Rettungsdienst eintrifft.

2 Hilfe holen/ggf. Notruf

Besonders wichtig beim Notruf per Telefon ist, dass Sie sich bemühen, ruhig und gefasst die Informationen zu den 5 Ws zu liefern (Wo? Was? Wie viele? Welche? Warten!). Für Alleinlebende ist ein Hausnotrufgerät ideal. Sollte man z. B. durch einen Sturz das Telefon nicht mehr selbst erreichen können, kann über einen Funkfinger, den man um den Hals trägt, die Hausnotrufzentrale alarmiert werden.

3 Wärmeerhalt

Zudecken ist nicht nur zum Erhalt der Eigenwärme wichtig, sondern hat auch eine beruhigende Wirkung. Besonders im Freien ist es wichtig, dass der Betroffene trocken und warm auf einer Decke liegt (durchfeuchtete Kleidung entfernen). Sehr gut geeignet sind metalline Rettungsdecken, die mittlerweile in jedem Verbandkasten zu finden sind und auch in jeden noch so kleinen Rucksack für die Wandertour passen. Bitte beachten Sie: Keine Fremdwärme zuführen, sondern nur Eigenwärme erhalten!

4 Psychische Betreuung

Trösten ist eine der wichtigsten Maßnahmen der Ersten Hilfe. Sie können dem Betroffenen durch Ihre Ruhe, Ihre Zuneigung Angst nehmen. Jede Verbesserung der psychischen Situation hat auch positive Auswirkungen auf seine Gesamtsituation. Selbst bei einem Bewusstlosen ist körperliche Nähe wichtig.

Unterlegen einer Decke

Am besten ist diese Maßnahme mit zwei Helfern durchzuführen, deshalb aktivieren Sie Passanten, Zuschauer oder andere Personen!

▶ Die Decke (z. B. metalline Rettungsdecke, Wolldecke) wird bis etwa zur Mitte ziehharmonikaartig zusammengelegt.

▶ Der Betroffene wird auf eine Seite gedreht. Der zusammengelegte Teil der Decke wird so weit wie möglich unter den Körper an den Rücken herangeschoben 1

▶ Nun den Betroffenen auf die andere Seite drehen und die Decke unter dem Körper durchziehen 2

1

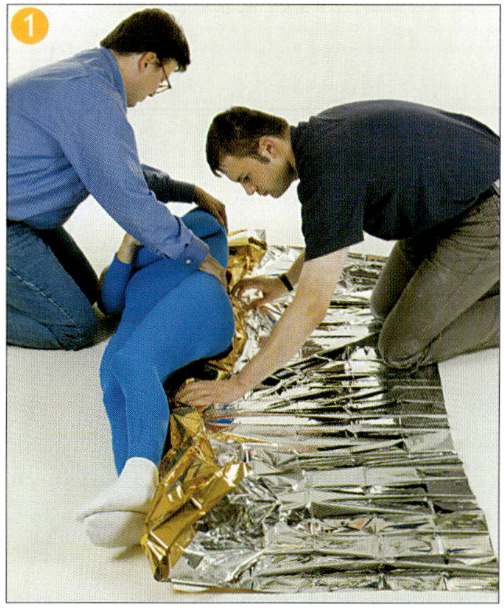

2

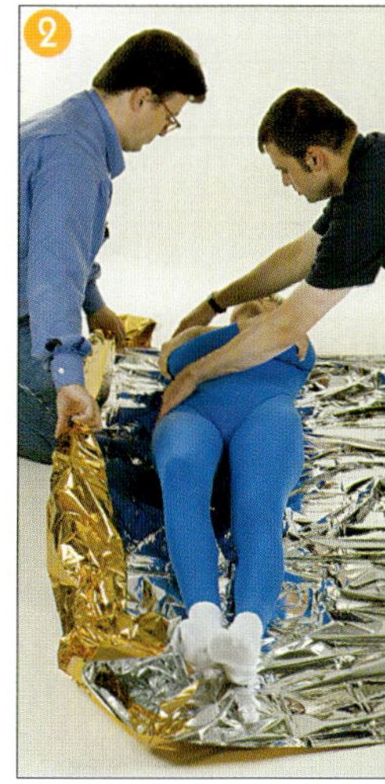

Geben Sie dem Verletzten, wenn er friert, die goldene Seite der metallinen Rettungsdecke zu sehen. Bei Hitzeschäden zeigen Sie ihm die silberne.

▶ Bewusstlose werden zum nicht zusammengelegten Teil der Decke hin in die stabile Seitenlage gedreht, sodass dabei der zusammengelegte Teil freigelegt wird und mühelos über den Betroffenen gezogen werden kann 3–5.

3

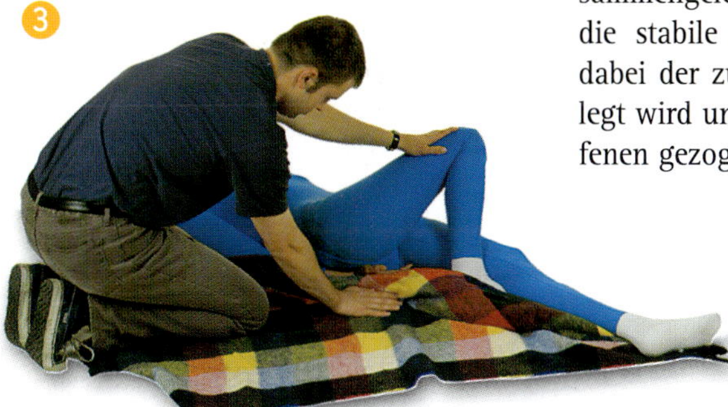

4

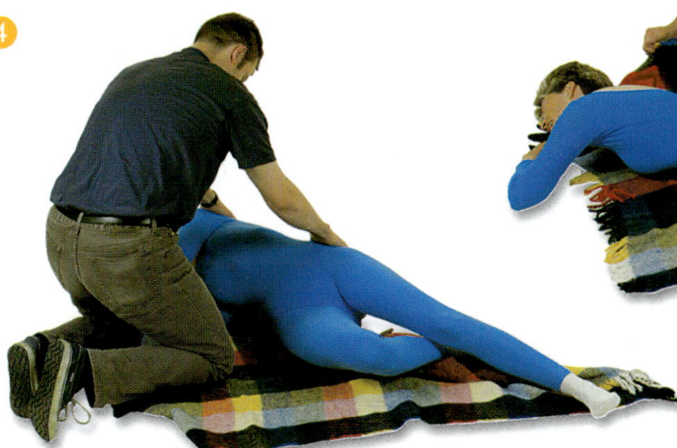

5

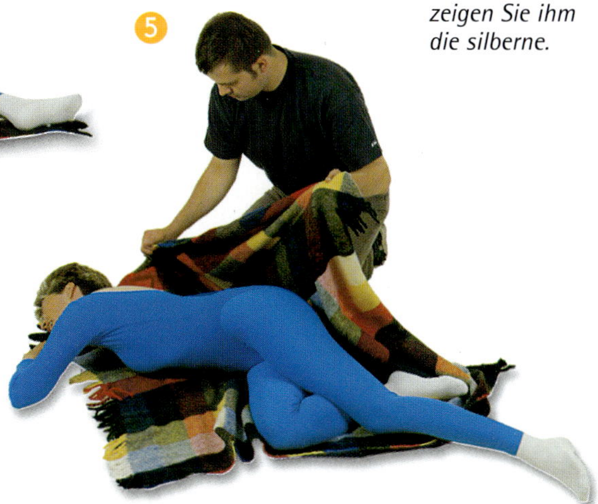

Die psychische Erste Hilfe

Von den Professoren Lasogga und Gasch (Fachbereich Psychologie der Universität Dortmund), die über lange Zeit Betroffene und Helfer zur psychologischen Situation bei Notfällen befragt haben:

▶ Sage, dass du da bist und dass etwas geschieht!
Der Verletzte soll spüren, dass er in seiner Situation nicht allein ist. Gehen Sie zu dem Betroffenen und stehen Sie nicht herum. Schon der Satz: „Ich bleibe bei Ihnen, bis der Rettungsdienst kommt“ wirkt entlastend und beruhigend. Der Verletzte soll auch über vorgenommene Maßnahmen informiert werden.

▶ Schirme den Verletzten vor Zuschauern ab!
Neugierige Blicke sind für einen Verletzten unangenehm. Weisen Sie Schaulustige freundlich, aber bestimmt zurück. Wenn Zuschauer stören, geben Sie Ihnen eine Aufgabe. Bitten Sie diese, lästige „Gaffer“ auf Abstand zu halten. Störer und Besserwisser betrauen Sie mit Aufgaben, die diese vom unmittelbaren Notfallgeschehen fern halten (z. B. „Stellen Sie sich an den Eingang und warten Sie auf den Rettungsdienst!“).

Eine wichtige Maßnahme im Rahmen der Ersten Hilfe: die psychologische Betreuung

▶ Suche vorsichtigen Körperkontakt!
Leichter körperlicher Kontakt wird von dem Betroffenen als angenehm und beruhigend empfunden. Halten Sie deshalb die Hand oder die Schulter des Betroffenen. Berührungen am Kopf und an anderen Körperteilen sind hingegen nicht zu empfehlen.

Begeben Sie sich auf gleiche Höhe wie der Verletzte, in der Regel knien Sie neben ihm oder beugen sich herab. Wenn der Verletzte durch Kleidung eingeengt wird, friert, unbequem liegt oder Kleidungsstücke zerrissen sind, sollte man dieses beheben, z. B. ihn mit einer Decke zudecken.

▶ Sprich und höre zu!
Sprechen kann für den Betroffenen sehr wohltuend sein. Wenn der Betroffene redet, hören Sie geduldig zu. Sprechen Sie auch von sich aus, möglichst in ruhigem Tonfall – selbst zu Bewusstlosen! Vermeiden Sie Vorwürfe. Fragen Sie den Verletzten auch, ob jemand benachrichtigt werden soll. Unterrichten Sie hierüber den Rettungsdienst. In der Stresssituation „Notfall“ können Riten wie z. B. ein gemeinsames Gebet ein Stück Normalität schaffen und Ruhe geben.

Überblick: das Vorgehen am Notfallort und am Verletzten

	Erkennen	Handeln/lebensrettende Sofortmaßnahmen
0 Ruhe bewahren und Überblick verschaffen	• *Absicherungs- und/oder Eigensicherungsbedarf?* • *Hinweise auf die Notfallursache?* • *Erste Hinweise auf die Art der Verletzung oder Erkrankung?*	• *Gefahren beseitigen, Absichern, Eigensicherung* • *Bei Bedarf: Retten aus dem Gefahrenbereich*
1	Diagnostischer Block *Orientierende Kontrolle von:* • *Bewusstsein* • *Atmung* • *Puls*	*Bei Bedarf sofort: Sicherung der lebenswichtigen Funktionen (I):* • *Stabile Seitenlage* • *Beatmung* • *Herz-Lungen-Wiederbelebung* • *Stillung bedrohlicher Blutungen* • *Schockbekämpfung*
	Bodycheck *Von Kopf bis Fuß (Hören, Sehen, Fühlen!)*	*Spätestens hier:* *Sicherung der lebenswichtigen Funktionen (II): siehe „Diagnostischer Block“*
2 Notruf		*Die 5 Ws*
3 Weitere Maßnahmen der Ersten Hilfe		• *Ruhigstellen von Knochenbrüchen* • *Versorgung von Wunden* • *Übergabe an den Rettungsdienst*

Rund um das Bewusstsein

Das Gehirn – Steuerzentrale unseres Organismus: Hier laufen alle Fäden zusammen. Nerven unseres bewusst arbeitenden, peripheren Nervensystems leiten auf sensiblen Bahnen Informationen, die alle unsere Sinne von außen entgegennehmen, zum Gehirn und leiten von diesem auf Bahnen Befehle, z. B. an die Bewegungsmuskulatur unseres Körpers.

Über die Bahnen unseres unbewusst arbeitenden, vegetativen Nervensystems und über hormonelle Regelungen werden die Bedingungen in unserem Organismus, von Wasser- bis Temperaturhaushalt, konstant gehalten.

Unsere Großhirnrinde lässt uns unsere Umwelt bewusst wahrnehmen, denken, sprechen, kreativ sein und vieles mehr.

Wie aktiv unser Großhirn ist, hängt stark von anregenden Strömen des Mittelhirns an den darüber liegenden Hirnabschnitt ab. Sie entscheiden über Schlaf oder Wachsein.

Aber auch viele lebenswichtige Impulse, wie der Atemimpuls aus dem Atemzentrum im verlängerten Rückenmark oder die ebenfalls dort angesiedelten Schutzreflexe wie der Husten- oder Schluckreflex, finden ihren Platz im Gehirn.

Ursachen und Gefahren von Bewusstseinsstörungen

Entsprechend wichtig müssen wir Fehlfunktionen in dieser Steuerzentrale nehmen, wie sie durch Störungen des Bewusstseins angezeigt werden.

Störungen des Bewusstseins sind meistens ein Zeichen von Sauerstoffmangel im Gehirn.

Bei einer Bewusstseinstrübung ist der Betroffene noch ansprechbar. Er ist zumeist schläfrig und muss durch lautes Ansprechen oder Schmerzreize (Rütteln, leichten „Klaps“ ins Gesicht, Reiben auf dem Brustbein, Kneifen in der Oberarminnenseite) geweckt werden. Allerdings zeigt er bereits Orientierungsstörungen („Wo bin ich?“) oder reagiert nicht normal auf Fragen.

Ist der Betroffene bewusstlos, kann er weder durch Ansprechen noch durch Rütteln geweckt werden. Bei Bewusstlosigkeit erschlafft die Muskulatur. Ferner gehen die Schutzreflexe verloren. Dadurch kann bei einem liegenden Bewusstlosen Mageninhalt über den erschlafften Mageneingang und die Speiseröhre bis in den Mund-Rachen-Raum laufen. Da der Kehldeckelverschlussreflex, einer der lebenswichtigen Schutzreflexe, bei tiefer Bewusstlosigkeit nicht mehr funktioniert, können Flüssigkeiten und Fremdkörper durch die Atmung in die unteren Atemwege (Luftröhre, Bronchien) gelangen. Schließlich kann in Rückenlage der erschlaffte Zungenmus-

Maßnahmenpaket: Wie bei jedem Bewusstlosen

Ursachen für Bewusstseinsstörungen können Gewalteinwirkungen auf den Kopf, Verschluss oder Platzen eines Gefäßes im Gehirn (Schlaganfall), Herz-Kreislauf-Störungen wie bei Ohnmachten oder Schock, Atemstörungen, Hitze- oder Kälteschäden u. a. sein.

Im Fall des hypoglykämischen Schocks, einer Entgleisung der Zuckerkrankheit (Diabetes mellitus), führt ein akuter Zuckermangel im Blut zur Bewusstseinsstörung.

1 *Kontrolle, ob Atemwege frei sind (ggf. Atemwege freimachen)*

2 *Stabile Seitenlage*

3 *Das* **PAKET**

kel/-grund in den Rachenraum zurückfallen und so die oberen Atemwege blockieren. Diesen Gefahren müssen Sie mit Ihren Maßnahmen begegnen.

Erkennen

▶ Auf den ersten Blick: Hinweise auf Ursachen (Sturz, bekannte Vorerkrankung etc.)

▶ Bewusstsein: Bewusstseintrübung bis Bewusstlosigkeit

▶ Atmung: vorhanden

▶ Puls: vorhanden

Handeln

▶ Im Rahmen unserer Atemkontrolle während des diagnostischen Blockes das Maßnahmenpaket *„Wie bei jedem Bewusstlosen“*

▶ Anschließend wird ein intensiver Bodycheck durchgeführt und weitere Maßnahmen je nach Verletzungen ergriffen. Die Maßnahmen im Einzelnen:

1 Kontrolle der Atemwege und Atemwege freimachen

Oft wird es zur Ursache für einen Atemstillstand, wenn die Atemwege durch die Zunge oder Fremdkörper wie Erbrochenes, lose Prothesenteile etc. verlegt werden. Deshalb schauen Sie schon bei der Atemkontrolle in den Mund-Rachen-Raum.

Im Bedarfsfall müssen Sie die Atemwege freimachen. Gehen Sie so vor:

▶ Erst Eigensicherung: Ziehen Sie Einmalhandschuhe an!

▶ Öffnen Sie den Mund des Betroffenen. Durch eine Verkrampfung der Kiefermuskulatur kann manchmal ein Öffnen des Mundes behindert werden. In diesem Fall bedient man sich des Esmarch-Handgriffs (1):

▷ Knien oder hocken Sie sich ans Kopfende des Betroffenen.

▷ Legen Sie Ihre Daumen auf das Kinn des Betroffenen und greifen mit den Fingern in den Unterkieferwinkel (In-

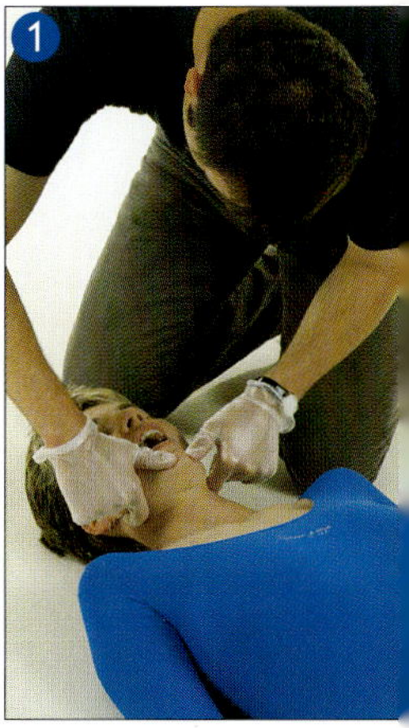
1

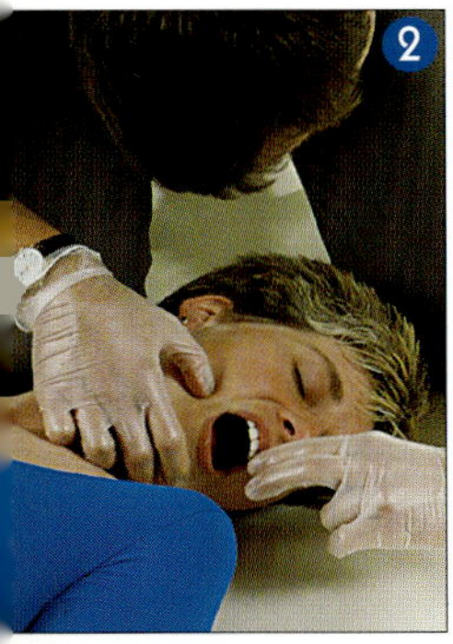

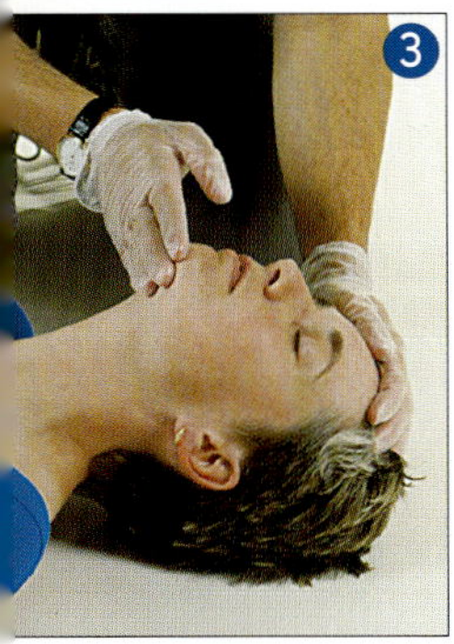

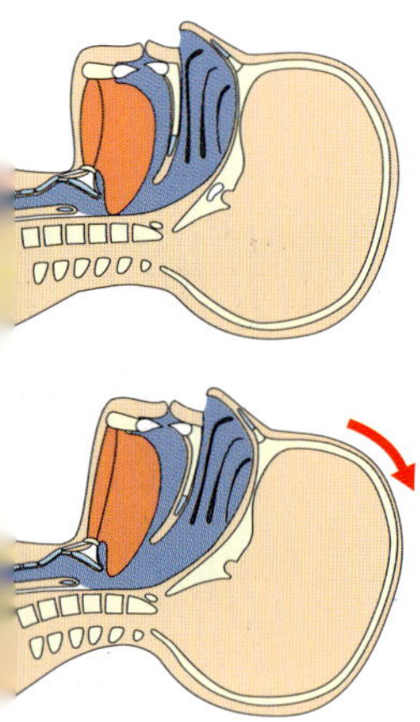

Das Überstrecken des Kopfes hält die oberen Atemwege frei.

nenseite des Unterkiefers). Druckausübung an dieser Stelle löst einen Schmerzreiz aus, der als Vermeidungsreaktion in der Regel die Verkrampfung der Kiefermuskulatur auflöst.

▷ Durch gleichzeitigen Druck auf das Kinn kann der Mund geöffnet werden.

▶ Drehen Sie den Kopf zur Seite.

▶ Sichern Sie den Mund, indem Sie mit dem Daumen die Wangenschleimhaut zwischen die Kiefer drücken.

▶ Entfernen Sie alle sichtbaren Fremdkörper ❷.

▶ Anschließend drehen Sie den Kopf wieder in seine alte Position und überstrecken ihn: der lebensrettende Handgriff ❸! Durch dieses Überstrecken des Kopfes strafft sich der Zungengrund, sodass die Zunge aus dem Mund-Rachen-Raum gehoben wird und die oberen Atemwege frei bleiben.

▷ Hierzu fassen Sie mit einer Hand an der Stirnhaargrenze und mit der anderen unter den Unterkiefer.

▷ Strecken Sie den Kopf vorsichtig nach hinten und ziehen Sie den Unterkiefer etwas nach oben.

2 Die stabile Seitenlage

Die stabile Seitenlage ist die erste Maßnahme Ihrer Wahl bei Bewusstlosigkeit, weil sie die Atemwege freihält und damit die lebenswichtige Funktion Atmung sichert. Deshalb wird sie zeitlich so früh in unserer Handlungskette, direkt nach dem diagnostischen Block und vor einem intensiven Bodycheck, angesiedelt und selbst bei schweren Verletzungen (z.B. Verdacht auf Verletzung der Wirbelsäule) durchgeführt.

Auf welche Seite lagern Sie den Betroffenen?

▶ **Auf die linke Seite lagern Sie:**

▷ Betroffene ohne erkennbare Verletzungen

▷ Schwangere

▷ Betroffene nach Tauchunfällen

▶ **Auf die unverletzte Seite lagern Sie:** Betroffene mit „normalen“ Verletzungen der Extremitäten (z.B. Knochenbrüche an Armen oder Beinen).

▶ **Auf die verletzte Seite lagern Sie:**

▷ Betroffene mit Brustkorb-/Lungenverletzungen. Dadurch kann der intakte Lungenflügel unbehindert, „frei“ durchatmen.

▷ Betroffene mit Schädel-Hirn-Verletzungen. Dadurch können Einblutungen auf die nicht betroffene Seite vermieden werden. Ansonsten würde die Blutansammlung auch die gesunde Seite einengen, die dortige Durchblutungslage behindern und somit schädigend wirken.

Wie stellen Sie die stabile Seitenlage her?

Bei einem auf dem Rücken liegenden Betroffenen

▶ Knien Sie sich auf die Seite des Betroffenen, auf die Sie lagern wollen. Nehmen Sie auf jeden Fall die Brille des Betroffenen ab, um Folgeverletzungen beim Umlagern zu verhindern.

▶ Arbeiten Sie zuerst die nahe Seite des Betroffenen ab:

▷ Winkeln Sie das nahe Bein an Ⓐ. Sollte es auf rutschigem Boden immer wieder zurückgleiten, legen Sie das ferne Bein über den Fuß des nahen. Benutzen Sie es als Hebel, indem Sie das Knie von sich wegdrücken. Dadurch hebt sich das Gesäß.

▷ Legen Sie nun den nahen Arm weit unter das Gesäß Ⓑ. Dabei muss die Handfläche nach oben zeigen: der Portemonnaiegriff. Durch ihn liegen Elle und Speiche gerade nebeneinander und nicht wie sonst überkreuzt. So können Knochenbrüche im Unterarm besonders beim Drehen schwerer Personen verhindert werden.

▶ Jetzt ist die ferne Seite am Zuge:

▷ Legen Sie den fernen Arm quer über den Oberkörper, sodass die Hand neben dem Gesicht zu liegen kommt Ⓒ. Sie schützt beim Drehen den Kopf des Betroffenen vor einem unsanften Aufschlagen.

▷ Nun fassen Sie an der fernen Schulter und Hüfte an Ⓓ und ziehen ihn zu sich herüber, bis er stabil auf der Seite in einem „Totpunkt“ liegt, aus dem er weder weiter nach vorne sinken noch wieder zurücksacken kann Ⓔ.

Ⓐ

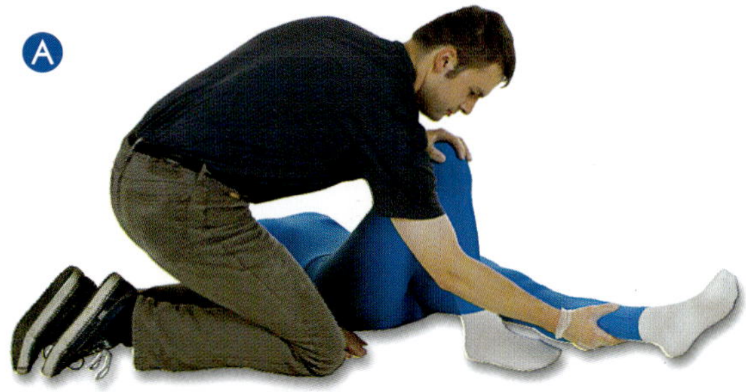

Ⓑ

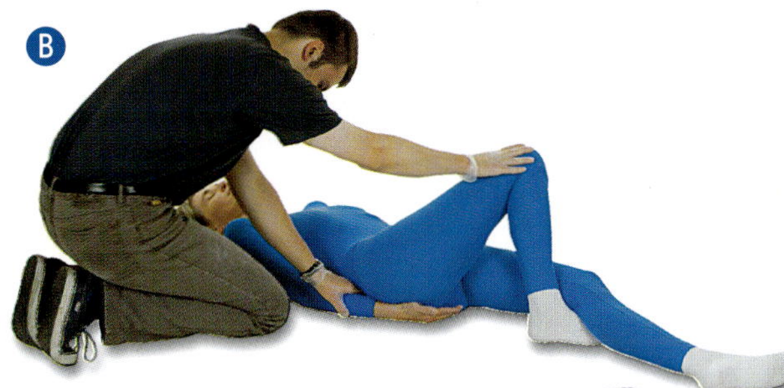

Ⓒ

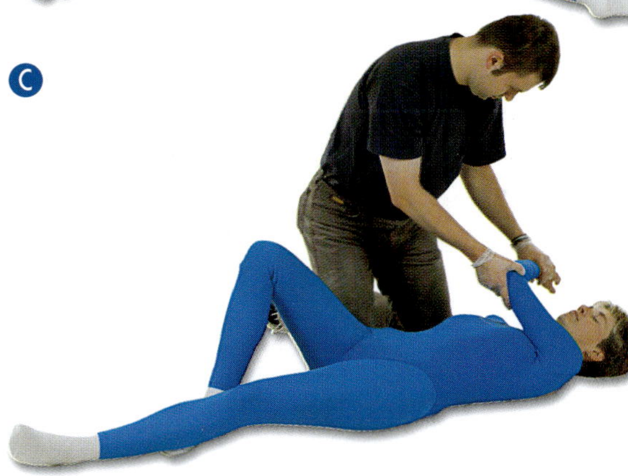

Ⓓ

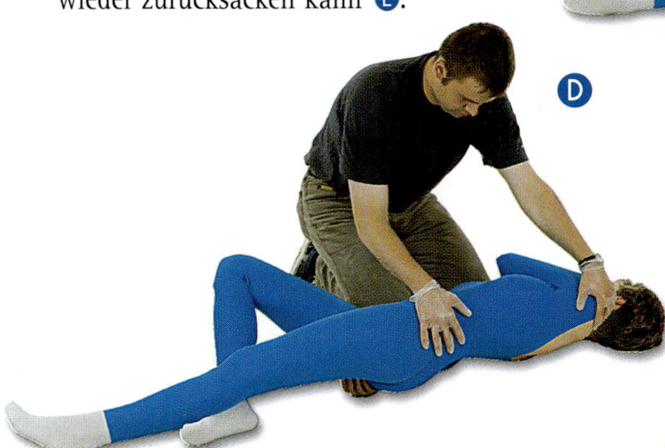

Ⓔ

- ▶ Nun stellen Sie die stabilisierenden Stützdreiecke her:
  - ▷ Das erste ist bereits entstanden: Das angewinkelte Bein liegt stabilisierend unter dem anderen, gestreckten.
  - ▷ Nun winkeln Sie noch den hinten liegenden Arm an.
- ▶ Abschließend sichern Sie die oberen Atemwege:
  - ▷ Überstrecken Sie den Kopf F! Den vorne liegenden Arm winkeln Sie an, die Hand kann den Kopf in seiner Position stabilisieren G.
  - ▷ Öffnen Sie den Mund, damit z.B. Erbrochenes ungehindert ausfließen kann.

F

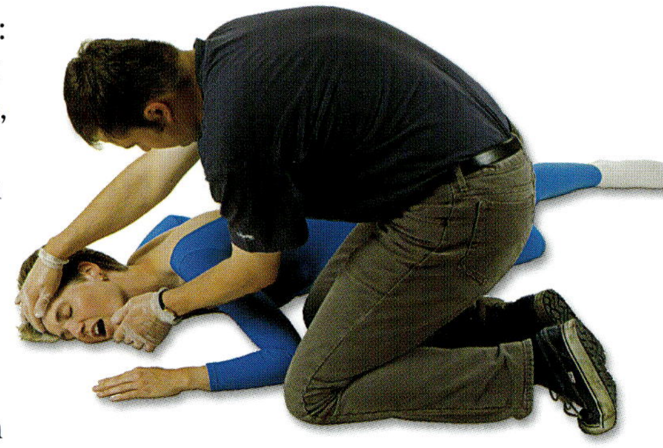

G

Lagern Sie Bewusstlose in der stabilen Seitenlage.

Bei einem auf dem Bauch liegenden Betroffenen:

- ▶ Diesmal knien Sie auf der anderen (fernen) Seite.
- ▶ Optimal wäre es, wenn der Kopf des Betroffenen bereits

Wenn Sie im Notfall mit den Handgriffen durcheinander kommen

Versuchen Sie, so gut wie möglich z.B. durch Abstützen mit Kissen zu improvisieren. Wichtig ist lediglich, dass Sie die drei wichtigen Ziele der stabilen Seitenlage erreichen:

- ▶ *Stabile Lage! Auf diese müssen Sie sich verlassen können, auch wenn Sie sich von dem Betroffenen für das Absetzen des Notrufs kurz entfernen müssen.*
- ▶ *Der Mund muss tiefster Punkt des Körpers und geöffnet sein! Flüssigkeiten müssen, ohne einen Rückstau im Mund-Rachen-Raum zu bilden, frei abfließen können.*
- ▶ *Der Kopf muss leicht überstreckt sein! Der Zungengrund ist hierdurch gestreckt und die Zunge hebt sich aus dem Mund-Rachen-Raum, sodass die oberen Atemwege immer frei bleiben.*

zur richtigen Seite zeigt. Ansonsten drehen Sie diesen mit der nötigen Vorsicht.
- Greifen Sie nun unter dem nahen Bein mit beiden Armen hindurch. Mit der einen Hand greifen Sie in die Kniekehle, mit der anderen an den Unterschenkel. Nun ziehen Sie mit der ersten und drücken mit der zweiten Hand, sodass das ferne Bein angewinkelt unter dem anderen zu liegen kommt.
- Nun noch beide Arme wie oben beschrieben anwinkeln. Fertig!

Psychische Betreuung bei Bewusstlosen?

Viele Bewusstlose nehmen das Treiben um sich herum noch schemenhaft wahr. Deshalb sollten Sie, auch wenn es Ihnen im ersten Moment eigenartig erscheint, sich um ihn bei der psychischen Betreuung kümmern, als hätten Sie einen bewusstseinsklaren Menschen vor sich. Halten Sie beruhigenden Körperkontakt an Arm und Schulter und schirmen Sie ihn besonders vor Gaffern ab. Sprechen Sie beruhigend mit ihm.

Vorbeugen

Ist Bewusstlosigkeit vermeidbar? In vielen Fällen ja, wenn Sie wichtige Ursachen vermeiden.
- Vermeiden Sie Verletzungen des Kopfes: Tragen Sie z.B. auf Baustellen, beim Fahrradfahren, beim Skaten o.ä. Gefährdungssituationen Schutzhelme.
- Vermeiden Sie einen Sonnenstich: Tragen Sie bei starker Sonneneinstrahlung – nicht nur im Hochsommer bei großer Hitze – einen Sonnenschutz wie z.B. Baseballkappen. Dies gilt besonders bei hellhäutigen, blonden oder rotblonden Typen und bei lichtem Haupthaar. Beachten Sie dies vor allem auf dem Wasser (z.B. beim Bootfahren). Schlafen Sie nicht beim Sonnenbaden ein.
- Vermeiden Sie den Hitzeschock: Wenn Sie sich bei großer Hitze sportlich betätigen, denken Sie an ausreichendes Trinken. Besonders Salze und Mineralien, wie wir sie in Mineralwässern oder isotonischen Trinklösungen finden, sind dabei wichtig. Bei hohen Ozonwerten sollte man jedoch lieber auf starke sportliche Anstrengung verzichten.
- Vermeiden Sie den Hitzschlag: Achten Sie besonders bei feuchtwarmer Witterung darauf, dass Ihr Körper „atmen" kann. Der Körper muss den Schweiß auf der Haut verdampfen können, damit er sich durch Verdunstungskälte Kühlung verschafft. Atmungsaktive Textilien wie Baumwolle sind daher – besonders bei Sportkleidung – empfehlenswert.
- Vermeiden Sie Badeunfälle: Springen Sie nicht mit vollem Magen und erhitzt in den Pool. Grundsätzlich sollten Sie sich vorher durch Duschen/Benetzen der Haut an das kalte Wasser gewöhnen.

Nachfolgend finden Sie einige Notfälle, bei denen häufig Bewusstseinstrübung oder Bewusstlosigkeit auftreten:
- Ohnmacht (Synkopen)
- Schlaganfall (apoplektischer Insult)
- Krampfanfälle
- Entgleisungen des Diabetes mellitus

Bei *„Rund um Knochen und Gelenke"* begegnen wir später noch den Schädel-Hirn-Verletzungen.

Ohnmachten (Synkopen)

Unter Synkopen versteht man kurzzeitige Bewusstlosigkeiten, die im Volksmund Ohnmachten genannt werden. Zumeist klaren die Betroffenen schnell wieder auf, wenn Sie flach liegen.

Ursachen können Herzrhythmusstörungen sein, bei denen durch Reizleitungsstörungen am Herzen längere Pausen zwischen den Herzschlägen entstehen. Dadurch kommt es zur Sauerstoffunterversorgung des Gehirns, das darauf schlagartig mit Bewusstseinsverlust reagiert. Diese Ohnmachten nennt man kardiale Synkopen.

Eine andere Ursache begegnet uns z.B. bei Großkonzerten, wenn begeisterte Teenies in drangvoller Enge und schlechter Luft plötzlich kollabieren. Zumeist kommen viele Ursachen zusammen: Freude, Schreck, Enge, schlechte Luft, zu wenig Flüssigkeits- oder Nahrungsaufnahme etc. Dies führt dazu, dass ein Teil des vegetativen Nervensystems große Gefäße weit stellt, in die schlagartig das Blut regelrecht versackt und deshalb akut nicht mehr dem Gehirn zur Verfügung stehen kann.

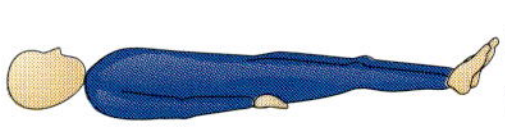

Lagerung bei kardialer Ohnmacht

Auch in diesem Fall reagiert das Gehirn auf die Blut- und damit Sauerstoffunterversorgung mit Bewusstseinsverlust. Diese Ohnmachten nennt man vasovagale Synkopen.

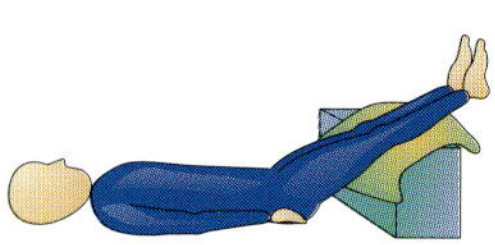

Lagerung bei vasovagaler Ohnmacht

Erkennen

- Auf den ersten Blick: plötzliches Zusammensacken/Kollabieren, Sturz
  - Kardiale Synkopen: sind beim plötzlichen Aufrichten oder Hinstellen aus liegender Stellung eingetreten
  - Vasovagale Synkopen: bei Großkonzerten o. a. Situationen, bei denen o. g. Rahmenbedingungen auftreten können; nach einem Schreckmoment
- Bewusstsein: kurze Bewusstlosigkeit, die in liegender Stellung zumeist schnell verschwindet
- Atmung: zumeist ohne Probleme; bei Teenies in Großkonzerten tritt teilweise eine Hyperventilation auf
- Puls: z.T. anfangs langsamer, später schneller
- Bodycheck: Achten Sie besonders auf evtl. beim Sturz aufgetretene Folgeverletzungen!

Handeln

- Bei kardialen Synkopen: Lagerung flach auf dem Rücken
- Bei vasovagalen Synkopen: Lagerung: Schocklage (flach auf dem Rücken, Beine hoch)
- Ist der Betroffene wieder bewusstseinsklar (Erkennungszeichen: kann Becher selbst halten), geben Sie ihm Mineralwasser oder Cola zu trinken. Nun können Sie Folgeverletzungen des Sturzes versorgen.
- Bei Hyperventilation: Neben einer intensiven psychischen Betreuung, bei der Sie beruhigend Atemanweisungen geben, sollten Sie den Betroffenen kurzzeitig in eine Plastiktüte o. Ä. zurück-

atmen lassen *(siehe „Hyperventilation", S. 57)*.

- Und natürlich das **PAKET**

Vorbeugen

- Bei bekannten entsprechenden Herzrhythmusstörungen sollten Sie sich langsam aufrichten (besonders aus warmem Badewasser).
- Beachten Sie bei Großkonzerten:
  - Vorher ausreichend essen (ggf. Snacks mitnehmen).
  - Genügend trinken.
  - Nicht einengen lassen, damit Sie frei durchatmen können.
  - Keine beengende, sondern atmungsaktive Kleidung tragen.
  - Vorsicht, wenn man körperlich nicht auf der Höhe ist (Grippe etc.).

Schlaganfall (apoplektischer Insult)

Ein Schlaganfall tritt zwar plötzlich auf, aber wenn man untersucht, was für Krankheiten vorher schon bestanden, dann ist sein Auftreten zumindest nicht verwunderlich. Chronischer Bluthochdruck und Arterienverkalkung sind die Risikofaktoren Nummer 1 bei diesem Notfallbild. Bei einem Großteil aller Schlaganfälle beginnt das Krankheitsgeschehen mit Arterienverkalkung (Arteriosklerose). Hierbei verengen sich die Gefäße durch Ablagerungen an der Gefäßwand (Plaque) – auch im Gehirn.

In 80 bis 90% aller Schlaganfälle ist der Verschluss eines Gefäßes die Ursache. Einerseits sind es arteriosklerotische Verengungen der Halsschlagader, überwiegend sind es jedoch kleine Blutgerinnsel (Thromben), die sich bei bestimmten Herzrhythmusstörungen im Herzen bilden und von dort u. a. ins Gehirn geschwemmt werden, wo sie bereits verengte Gefäße verstopfen. Das ist die unblutige Form des Schlaganfalls. Diese Form tritt besonders in der Nacht auf, weil im Schlaf der Blutdruck so weit herabgesetzt wird, dass dieser „Betriebsdruck" nicht mehr ausreicht, um das betreffende verengte Blutgefäß im Gehirn offen zu halten. Reißt sich ein Plaque von einer Gefäßwand los, kann er sich bei diesem niedrigeren Blutdruck und den dadurch nicht weit genug gestellten Gefäßen viel eher festsetzen. Beim blutigen Schlaganfall, der nur in 10% der Fälle auftritt, kommt es zum Platzen eines Blutgefäßes. Ursache ist in der Regel ein lange bestehender Bluthochdruck, der zu Veränderungen der Gefäße führt.

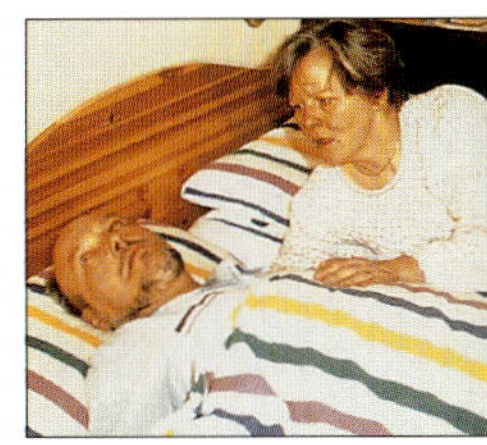

Der Schlaganfall tritt häufig während der Nacht auf.

Warnhinweise als Vorboten eines ausgeprägten Schlaganfalls

Besonders wenn die nachfolgenden Zeichen gemeinsam oder in enger zeitlicher Folge auftreten, sollte man sie als Warnhinweise ernst nehmen:

- Schwindelgefühle
- Nasenbluten als Zeichen des Bluthochdrucks

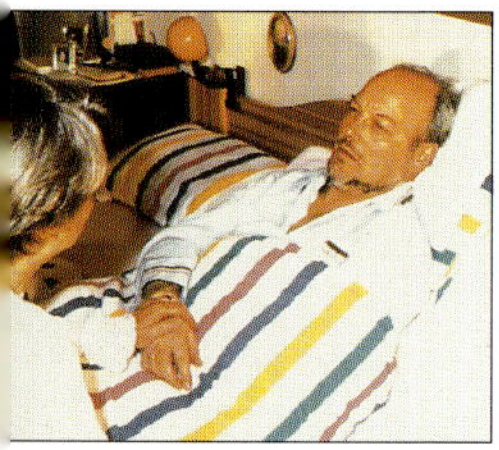

Ist der Betroffene bei Bewusstsein, sollten Sie ihn mit leicht erhöhtem Oberkörper lagern.

Maßnahmenpaket: Wie bei allen Problemen im Kopf

1 *Ist der Betroffene bei Bewusstsein:*
- *Oberkörper leicht erhöht lagern*
- *Kopf nicht abknicken*

2 *Das* **PAKET**

▶ Seltener: rasende Kopfschmerzen
▶ Als Zeichen eines kleinen Schlaganfalls:
▷ Sehstörungen, bei denen der Betroffene für Sekunden oder Minuten nichts sehen kann, Doppelbilder oder auch einen von oben oder der Seite kommenden „Vorhang" sieht
▷ Störungen des Gefühls und der Beweglichkeit wie pelziges Gefühl auf der Zunge, kurzzeitige Taubheitsgefühle, Unbeweglichkeit der Arme und Beine

Erkennen

▶ Auf den ersten Blick: typische Situation, zumeist im häuslichen Bereich, häufig über Nacht
▶ Bewusstsein: evtl. Bewusstseinstrübung bis Bewusstlosigkeit
▶ Plötzlich einsetzende Taubheitsgefühle und Lähmungen eines Körperteils oder einer gesamten Körperhälfte
▶ Evtl. plötzlich auftretende Störungen im Handlungsablauf
▶ Einseitig hängende Mundwinkel
▶ Evtl. Sprachstörung (Probleme, Wörter zu finden, undeutliche Aussprache)
▶ Evtl. hochroter Kopf

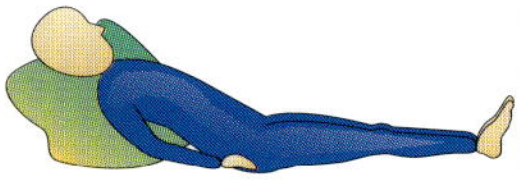

Lagerung bei „allen Problemen im Kopf"

Lagerung bei allen Bewusstlosen

Handeln

Lagern Sie den Betroffenen je nach der vorgefundenen Bewusstseinslage:
▶ Ist der Betroffene bei Bewusstsein: unser Maßnahmenpaket *„Wie bei allen Problemen im Kopf"*
▶ Bei Bewusstseinstrübung bzw. Bewusstlosigkeit: unser Maßnahmenpaket *„Wie bei jedem Bewusstlosen"* u. a. mit der stabilen Seitenlage
▶ Evtl. herabhängende, gelähmte Gliedmaße polstern und fixieren, z. B. fest in die Decke einschlagen.
▶ Das **PAKET**

Treten nur geringe Ausfallerscheinungen auf oder verschwinden diese sehr schnell wieder, neigen viele dazu, den Anfall als harmlos abzutun. Einen Arzt wollen sie nicht aufsuchen. Hier sind Sie gefragt, den Betroffenen ruhig und bestimmt zur Abklärung im Krankenhaus zu bewegen. Sprachstörungen wirken psychisch belastend auf den Betroffenen. In diesem Fall ist das oberste Gebot, ihn zu beruhigen. Nehmen Sie ihm die Angst. Machen Sie ihm klar, dass Ruhe und das Vermeiden jeder Aufregung im Moment das Allerwichtigste ist. Zeigen Sie ihm Verbesserungsperspektiven auf.

Vorbeugen

- Wichtig ist, alle Chancen der Früherkennung zu nutzen. Besonders den Blutdruck sollte man regelmäßig überprüfen.
- Länger oder oft auftretende Kopfschmerzen sollten auch unter dem Aspekt des Bluthochdruckes (Langzeitrisiko eines Schlaganfalls) „durchleuchtet" werden. Dies gilt auch bei jungen Menschen, wenn z. B. stechende Kopfschmerzen punktuell auftreten (Hinweis auf Gefäßveränderung im Gehirn).
- Ferner sollte man die Gefahren einer lang anhaltenden und hoch dosierten Selbstmedikation bestimmter Arzneimittel wie z. B. Acetylsalicylsäure (Aspirin) nicht unterschätzen.
- Schließlich sollte man bei bekanntem Bluthochdruck auf Potenzsteigerung durch Viagra komplett verzichten.

Krampfanfälle

Krampfanfälle sind Signale für Störungen bzw. Veränderungen im Gehirn – so kann eine Akut-Ursache Sauerstoffmangel sein (ausgelöst z. B. durch Schlaganfall, Schädel-Hirn-Verletzung). Ein Krampfleiden kann auch durch chronischen Alkoholmissbrauch entstehen. Schließlich kann eine Epilepsie angeboren sein. Häufig spüren Epiletiker bereits über Vorboten (Aura) den nahenden Krampfanfall. Zumeist stürzt der Betroffene nach einem lauten Schrei (Initialschrei) zu Boden. In dieser Phase kommt es oft zum Zungenbiss. Anschließend fällt der Betroffene in Streck- und Beugekrämpfe, bei denen wir ihn teilweise erstarrt und dann wieder unkontrolliert schlagend vorfinden. Während des Anfalls ist die Speichelproduktion gesteigert, sodass sich häufig Schaum vor dem Mund des Betroffenen bildet, der vom Zungenbiss blutig sein kann.

Dem Krampfen schließt sich eine tiefschlafartige Phase (Nachschlaf) an, in der der Betroffene nicht ansprechbar ist. Erst langsam wacht er wieder auf. Hinterher bestehen meist Erinnerungslücken. In extremen Fällen können sich mehrere Krampfphasen aneinander fügen (Status epilepticus). Diese sollten zum Erhalt der Atemfunktion möglichst schnell durch den Notarzt medikamentös durchbrochen werden.

Erkennen

- Auf den ersten Blick: plötzlicher Sturz zu Boden ggf. nach Initialschrei; typische Ursachen zu vermuten (Gewalteinwirkungen auf den Kopf; hoher Alkoholkonsum)
- **1. Phase: Krampf**
  - Bewusstsein: bewusstlos
  - Atmung: ggf. kurze Atempausen, beim Status epilepticus Blaufärbung (Zyanose)
  - Beuge- und Streckkrämpfe
  - Schaum vor dem Mund (ggf. blutig)

▶ 2. Phase: Nachschlaf
- ▷ Bewusstsein: anfangs bewusstlos, langsam aufwachend, nach Aufwachen Erinnerungslücke

Handeln

▶ 1. Phase: Krampf
Absichern/Schutz des Betroffenen vor Verletzungen:
- ▷ Gefährdende umherstehende Gegenstände entfernen.
- ▷ Polster unter den schlagenden Kopf legen.
- ▷ Nicht versuchen, den Betroffenen festzuhalten.

▶ 2. Phase: Nachschlaf
Im Rahmen unserer Atemkontrolle während des diagnostischen Blockes:
- ▷ Das Maßnahmenpaket *„Wie bei jedem Bewusstlosen"*
- ▷ Kontrolle, ob Atemwege frei sind
- ▷ Ggf. Atemwege freimachen.
- ▷ Stabile Seitenlage

▶ Und natürlich das **PAKET**
Gerade bei einem Status epilepticus ist ein früher Notruf wichtig!

Vorbeugen

▶ Bei bekanntem Krampfleiden müssen selbstverständlich krampfauslösende Faktoren vermieden werden, wie z. B. Alkoholkonsum, Flackerlicht in der Disco.

▶ In der Schwangerschaft sind regelmäßige Untersuchungen wichtig (besonders ab dem 3. Monat), um z. B. spezielle Krampfanfälle zu vermeiden. Im Rahmen der EPH-Gestose treten teilweise eklamptische Krampfanfälle auf, die besonders durch starke akustische oder visuelle Reize ausgelöst werden können.

Entgleisungen des Diabetes mellitus

In unserem Körper wird Zucker abgebaut, um Energie zu gewinnen. Spitzenreiter im Zuckerverbrauch sind unser Gehirn und die Bewegungsmuskulatur. Das Gehirn kann den Zucker nicht lange speichern, deshalb reagiert es auf ein verringertes Zuckerangebot sehr schnell mit Ausfallerscheinungen.

Auch ein Überangebot an Zucker muss verhindert werden, denn auch hier macht die Dosis das Gift. Daher produziert die Bauchspeicheldrüse Hormone, die den Blutzuckerspiegel regulieren. Für die Zuckerkrankheit ist das Insulin wichtig. Es sorgt dafür, dass Zucker aus dem Blut in die Zellen transportiert wird: Der Blutzuckerspiegel sinkt.

Tritt die Zuckerkrankheit schon in der Jugend auf, ist die Ursache eine vererbungs- bzw. krankheitsbedingte mangelnde Insulinproduktion. Dieser Diabetes Typ I bzw. jugendliche Diabetes muss immer durch Insulininjektionen unter die Haut behandelt werden.

Der Diabetes Typ II tritt meistens ab dem 40. Lebensjahr, besonders bei übergewichtigen Personen, auf. Eine häufige Ursache ist eine erhöhte Insulintoleranz: Der Körper muss wesentlich mehr Insulin als normal in das Blut ausschütten, um die Körperzellen zu veranlassen, in ausreichendem Maße Zucker aus dem Blut aufzunehmen. Dieser ständig erhöhte Insulinspiegel verursacht Hungergefühle – und so eine Gewichtszunahme.

Erkennen

Symptome, an denen Sie Diabetes mellitus schon früh erkennen können, sind:

- Starker Durst
- Häufiges Wasserlassen
- Oft trockene Haut und Schleimhäute
- Juckreiz
- Ggf. Hautausschläge und Schwierigkeiten bei der Wundheilung

Unterzuckerung, akut

- Schockanzeichen:
  - Schneller Puls
  - Haut: blass, kaltschweißig
  - Zittern/Frieren; Schweißausbruch
  - Unruhe
  - Evtl. Bewusstseinstrübung bis Bewusstlosigkeit
- Heißhunger

Überzuckerung, chronisch

- Wie bei Früherkennung

Überzuckerung, akut

- Bewusstseinstrübung bis Bewusstlosigkeit
- Durst, ggf. Exsikkose (innere Austrocknung; Erkennen: Greift man die Haut, bleiben danach Hautfalten stehen)

Handeln

Unterzuckerung, akut

- Bei erhaltenem Bewusstsein:
Gabe von süßen Getränken oder Traubenzucker
- Bei Bewusstlosigkeit:
  - Unser Maßnahmenpaket „*Wie bei jedem Bewusstlosen*“ u.a. mit der stabilen Seitenlage
  - Zusätzlich: Tuch mit Zuckerlösung tränken und die Wangenschleimhaut damit benetzen.
  - Immer: das **PAKET**

Überzuckerung, chronisch

- Neueinstellung beim Arzt

Überzuckerung, akut

- Bei Bewusstlosigkeit:
  - Unser Maßnahmenpaket „*Wie bei jedem Bewusstlosen*“ u.a. mit der stabilen Seitenlage
  - Immer: das **PAKET**

Hinweis

Ist zwischen den beiden Entgleisungsformen nicht deutlich zu unterscheiden, so wird sicherheitshalber Zucker gegeben. Bei einer vorliegenden Überzuckerung fällt diese relativ kleine Dosiserhöhung nicht ins Gewicht. Bei einer Unterzuckerung zeigt die Gabe von Zucker sehr schnell positive Wirkung. Aus diesem Grund sollten Diabetiker grundsätzlich Traubenzuckerplättchen bei sich tragen! Ein Notfallpass/eine Notfallkapsel geben dem Ersthelfer wertvolle Informationen zur Vorerkrankung.

Rund um die Atmung

Über die Atmung wird ein unverzichtbarer Lebensstoff in den Körper transportiert: der Sauerstoff. Ohne ihn arbeiten auf Dauer keine Nervenzelle im Gehirn, keine Muskelzelle. Auf der anderen Seite wird bei der Ausatmung das Abfallprodukt der „stillen Verbrennung“ im Körper, das Kohlendioxid, wieder abgeatmet. Somit hilft die Atmung dem Organismus, Stoffwechselprodukte in einem Gleichgewicht zu halten. Je nach Belastung und Verbrauch im Körper muss z. B. mehr eingeatmet werden, um den Zellen mehr Sauerstoff liefern zu können. Dazu hebt das Atemzentrum die Atemfrequenz über das normale Tempo von 12–16 Atemzügen pro Minute an und/oder verstärkt die Atemzugtiefe.

Für uns Ersthelfer wichtig: Die 17 % Sauerstoffgehalt in unserer Ausatemluft reichen zur Beatmung und zur Versorgung des Betroffenen mit Sauerstoff aus.

Das Atemzentrum im verlängerten Rückenmark, einem Teil des Stammhirns, gibt die Impulse zur Einatmung. Auf diese reagiert die Atemmuskulatur: Die Zwerchfellmuskulatur zieht sich zusammen und bewegt sich damit nach unten. Die Zwischenrippenmuskulatur zieht sich zusammen und damit den Brustkorb in einem „Jalousieeffekt“ nach oben. Beides vergrößert den Raum im Brustkorb. Der hierbei im Brustkorb entstehende Unterdruck saugt Luft von außen in die Lunge.

Bei der Ausatmung senkt sich der Brustkorb wieder und das Zwerchfell geht in seine hohe Position zurück. Die Luft wird aus der Lunge nach außen befördert.

Optimal läuft die Einatmung über die Nase und die Ausatmung über den Mund ab. Dies ist die beruhigendste Atemtechnik. Sie hat sich auch z. B. bei vielen im Notfall hektisch und flach atmenden Betroffenen bewährt, um diese zu einer ruhigen, tiefen Atmung anzuhalten. Lediglich bei Personen, die ständig Probleme mit stark austrocknenden Nasenschleimhäuten haben, empfiehlt es sich, oft über die Nase auch wieder auszuatmen.

Bei der Einatmung gelangt die Luft aus den oberen Atemwegen (Mund, Nase, Rachen) in die unteren Atemwege. Schnittstelle zwischen diesen ist der Kehlkopf. An ihm befindet sich der Kehldeckel, der durch Zuklappen dafür sorgt, dass Fremdkörper nicht in die unteren Atemwege gelangen.

Unter dem Kehlkopf beginnt die Luftröhre, die durch U-förmige Knorpelspangen aufgehalten wird. Sie teilt sich später in zwei Hauptbronchien, die je-

Zusammensetzung der Luft

	Einatmung	*Ausatmung*
Sauerstoff	*21 %*	*17 %*
Kohlendioxid	*≈ 0 %*	*4 %*
Stickstoff/ Edelgase	*79 %*	*79 %*

weils in einen Lungenflügel münden. Im weiteren Verlauf verästeln diese sich immer weiter, bis sie über kleine Bronchiolen in Lungenbläschen (Alveolen) enden. Nur in diesen Lungenbläschen kann der Körper den Sauerstoff aus der Einatemluft in den Blutkreislauf übernehmen. Die übrigen Bereiche der oberen und unteren Atemwege nennt man Totraum, weil dort der Sauerstoff für den Organismus nicht nutzbar ist.

Die Alveolen sind die Schnittstelle zwischen der Atmung und dem Herz-Kreislauf-System: Hier wandert der Sauerstoff aus der Alveole über die dünnen Wände (Membranen) des Lungenbläschens und des eng anliegenden Haargefäßes (Kapillare) in das Blut. Dort wird er von den roten Blutkörperchen gebunden und in den Körper transportiert.

An den Lungenbläschen wird im Austausch zum Sauerstoff das Abfallprodukt der inneren Atmung („Verbrennung" von Sauerstoff in den Zellen), Kohlendioxid, aus dem Blut an die Ausatemluft abgegeben.

Übersicht: Notfälle der Atmung

Welche Störungen der Atmung können uns als Notfälle begegnen?

- Verlegung der Atemwege
  - Durch die Zunge: Bei Bewusstlosen erschlafft der Zungenmuskel und sinkt besonders bei Rückenlage des Betroffenen in den Mund-Rachen-Raum zurück.
  - Durch Fremdkörper, die in die unteren Atemwege gelangt sind
  - Durch (Schleimhaut-)Schwellungen im Mund-Rachen-Raum aufgrund von Verbrennungen/Verbrühungen, Verätzungen, allergischen Reaktionen (bei Insektenstichen, Asthma bronchiale) oder Entzündungen
- Erkrankungen der Atemwege
  - Akuter Anfall einer chronischen Erkrankung – z.B. Asthma bronchiale
- Beinahe-Ertrinken
- Atemstillstand

Welche Haupterkennungszeichen begegnen uns bei Störungen der Atmung?

- Auf den ersten Blick: typische Situation
  - Auffinden des Betroffenen in zumeist sitzender Position
- Häufig Angstzustände
- Veränderung der Atmung:
  - Beschleunigte, ggf. unregelmäßige Atmung
  - Vertiefte Atmung, Einsatz der Atemhilfsmuskulatur (Ringen nach Luft)
  - Ggf. unnatürliche Atemgeräusche wie Pfeifen, Brummen etc.
- Beschleunigter Puls als Zeichen der Auswirkung auf die Herz-Kreislauf-Funktion
- Ggf. Blaufärbung der Lippen (Zyanose) als Zeichen von Sauerstoffmangel
- Ggf. Bewusstseinstrübung bis Bewusstlosigkeit als Zeichen der Auswirkung auf die Hirnfunktion

Maßnahmenpaket: Wie bei allen Problemen in der Brust

1	*Wenn möglich: Ursachen beseitigen / mindern*	• *Z. B. Fremdkörper in den Atemwegen beseitigen*
2	*Atemunterstützende Lagerung: Oberkörper aufrecht*	• *Bei der atemunterstützenden Lagerung sorgt die Hochlagerung des Oberkörpers und das leichte Nach-hinten-Beugen auf die abgestützten Arme für eine Erleichterung der Einatmung. Knien Sie sich z. B. hinter den Betroffenen und lassen Sie ihn an Ihren Körper lehnen.* • *Bei Problemen mit der Ausatmung (z. B. Asthma bronchiale) soll sich der Betroffene leicht nach vorne beugen.*
3	*Beengende Kleidung öffnen*	• *Krawatte lösen, obersten Hemdknopf öffnen etc.*
4	*Für Frischluftzufuhr sorgen*	• *Z. B. Fenster öffnen*
5	*Atemanweisungen geben*	• *Gerade bei Atemnot haben Menschen panische Angst. Umso wichtiger ist Ihre einfühlsame psychische Betreuung. Halten Sie beruhigenden Körperkontakt und geben Sie ruhig und bestimmt Atemanweisungen (i. d. R.: langsam und tief; durch den Mund ein- und die Nase ausatmen).* • *Bei Problemen mit der Ausatmung: Lippenbremse/Flötenatmung*
6	*Das* **PAKET**	

Fremdkörper in den Atemwegen

In der Regel begegnet einem dieses Notfallbild beim Essen. Gerade wenn sich die Tischgesellschaft rege unterhält, passiert es: Ein Essensstück gelangt in die Luftröhre. Dort verursacht es nicht immer eine völlige Verlegung der Atemwege. Zum Teil ist noch eine Atmung möglich, die allerdings durch die Verengung der Atemwege stark behindert ist.

Erkennen

- Auf den ersten Blick: typische Situation während des Essens; z.B. durch Sprechen oder Husten während des Essens; plötzlich einsetzend
- Husten mit Atemnot, evtl. Würgereiz
- Zunehmende Blaufärbung der Lippen und Schleimhäute
- Bei Komplettverschluss:
  - Ruckartige Bauchdeckenbewegungen ohne fühlbaren Atemstoß an Nase und Mund
  - Bewusstseinstrübung mit raschem Übergang zur Bewusstlosigkeit

Handeln

- Erstes Ziel aus unserem Maßnahmenpaket *„Wie bei allen Problemen in der Brust“*: Ursache beseitigen.
  - Dazu Schläge zwischen die Schulterblätter: Schlagen Sie mit der flachen Hand mehrfach zwischen die Schulterblätter. Dabei muss der Betroffene den Oberkörper weit nach vorne unten beugen (1)
  - Wenn dies erfolglos bleibt, wenden Sie bei fehlender Restatmung des Betroffenen als letzte Möglichkeit den Heimlich-Handgriff *(siehe unten)* an. Ziehen bzw. drücken Sie mehrfach.
- Nach erfolgreicher Entfernung des Fremdkörpers:
  - Weiter mit unserem Maßnahmenpaket *„Wie bei allen Problemen in der Brust“*
  - Und natürlich das **PAKET**

Hinweis

- Beim Heimlich-Handgriff (2) auf die richtige Position der zur Faust geballten Hand achten: genau im Winkel der beiden Rippenbogen unterhalb des Schwertfortsatzes (zipfelartige Verlängerung des Brustbeines). Eine falsche Position kann zu Verletzungen innerer Organe, z.B. der Leber, führen. Deshalb sollten Sie auf jeden Fall hierfür die Erste-Hilfe-Ausbildung absolviert haben, in der die richtige Position der Faust und

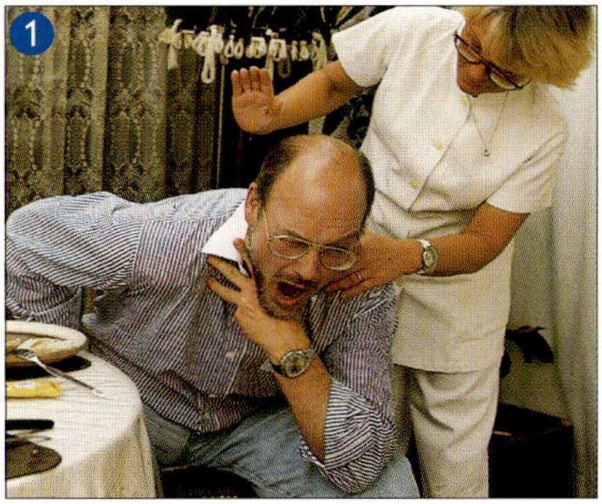
1

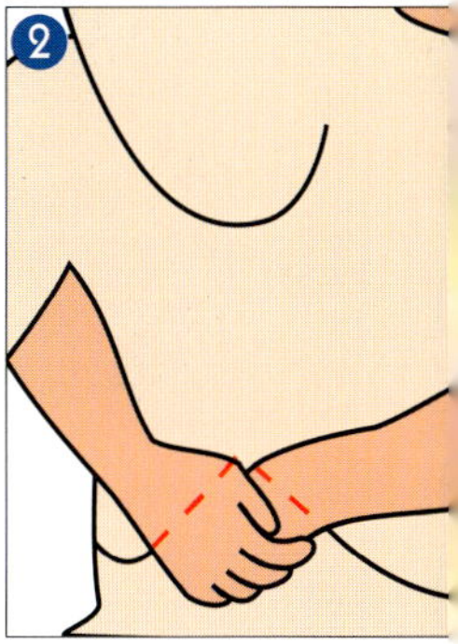
2

andere wichtige Details erläutert und geübt werden.

▶ Beim Einatmen von sehr kleinen Fremdkörpern können diese tief in die Bronchien gelangen und nach Beendigung des Hustenreizes zunächst keine Beschwerden mehr bereiten (stummes Intervall). Tritt einige Tage nach diesem „Verschlucken“ erneut Husten auf, sollte sofort der Arzt aufgesucht werden.

Insektenstiche im Mund-Rachen-Raum

Viele Menschen leiden unter Allergien, die u. a. von Insektengiften (vor allem von Wespe, Biene, Hummel oder Hornisse) ausgelöst werden können. Wird eine Person mit einer (bekannten) Überempfindlichkeit gegen Insektengifte gestochen, so kann dieses zu starken allergischen Reaktionen mit Rötung, Schwellung und Schmerzen führen. Im Extremfall kann ein allergischer Schock *(siehe „Schock“, S. 59ff.)* auftreten.

Durch starke Schwellungen der Schleimhäute im Mund-Rachen-Raum kommt es besonders bei Kindern zu einer Verengung der oberen Atemwege, die die Atmung bei starker Ausprägung empfindlich stören und gefährden kann.

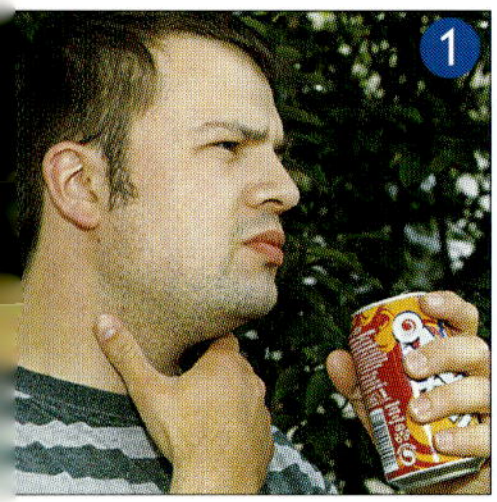

1

Erkennen

▶ Auf den ersten Blick: typische Situation besonders im Sommer beim Genuss von süßen Getränken oder Speisen im Freien ①

▶ Zunehmende Atemnot, ggf. Blaufärbung (Zyanose)

▶ Schmerzen, Rötung und zunehmende Schwellung im Mund-Rachen-Raum

▶ Ggf. Schockzeichen (schneller, schwacher Puls; Blässe etc.)

Handeln

Beim Ansprechbaren:

▶ Lassen Sie ihn Eis lutschen oder mit kaltem Wasser spülen/gurgeln.

▶ Kühlen Sie von außen mit feuchten Tüchern oder Eis (Eiskrawatte, ②). Wickeln Sie das Eis in ein Tuch ein, um lokale Erfrierungen zu verhindern.

Beim Bewusstlosen:

▶ Das Maßnahmenpaket *„Wie bei jedem Bewusstlosen“*: stabile Seitenlage

▶ Nur von außen kühlen!

ansonsten weiter mit:

▶ Unserem Maßnahmenpaket *„Wie bei allen Problemen in der Brust“*

▶ Und natürlich dem **PAKET**

2

Vorbeugen

Wespen und Bienen teilen mit uns eine Vorliebe für Süßes. Deshalb tritt das Notfallbild besonders im Sommer beim Verzehr von Eis und von süßen Getränken aus Dosen oder Flaschen auf.

- Am besten trinken Sie aus Gläsern, damit Sie hineingeflogene Insekten sofort sehen. Decken Sie die Gläser ab.
- Aus Dosen sollten Sie möglichst nur mit einem Strohhalm trinken.
- Kontrollieren Sie die Bissen, die Sie zum Mund führen.
- Positionieren Sie Anlockstellen (süße Flüssigkeiten in einer Schale) oder andere Insektenfallen in ausreichendem Abstand von Ihrem Aufenthaltsplatz (z. B. von Ihrem Frühstückstisch auf der Terrasse).

Asthma bronchiale

Allergien greifen immer mehr um sich. Immer häufiger reagieren Menschen auf bestimmte Gräser oder Pollen, Katzenhaare oder Lebensmittel. Diese werden für sie zu Allergenen, also eine Allergie auslösenden Stoffen. Häufig besteht bei Allergikern eine erbliche Vorbelastung.

Das Asthma bronchiale ist eine Erkrankung, bei dem z. B. Allergene, die eingeatmet werden, zu den akuten, anfallsartigen, allergischen Reaktionen in den Atemwegen führen. Die Symptome zeigen sich dabei besonders witterungsabhängig, z. B. bei hohen Ozonwerten oder an sonnigen Tagen mit starkem Pollenflug. Tritt Asthma erst nach dem 30. Lebensjahr auf, handelt es sich in mehr als 90 % dieser Fälle um ein nicht allergisches Asthma, das häufig in Zusammenhang mit einem Virusinfekt beginnt.

Auslöser der Asthmasymptome können Anstrengung, kalte Luft, Schadstoffe etc. sein. Bei einigen Betroffenen sind aber auch psychische Faktoren wie Stress für das Auslösen oder zumindest das Ausmaß eines Asthmaanfalls mitverantwortlich.

Beim Asthma kommen drei Reaktionen des Körpers zusammen: Zusammenziehen der Bronchialmuskulatur und damit Verkleinerung des Durchmessers der unteren Atemwege; Anschwellen der Bronchialschleimhaut, was eine weitere Verengung zur Folge hat; Absonderung sehr zähen Schleimes, der eine enorme Behinderung in dem engen verbliebenen Raum darstellt. Besonders die Ausatmung gegen diese Bronchialenge fällt schwer.

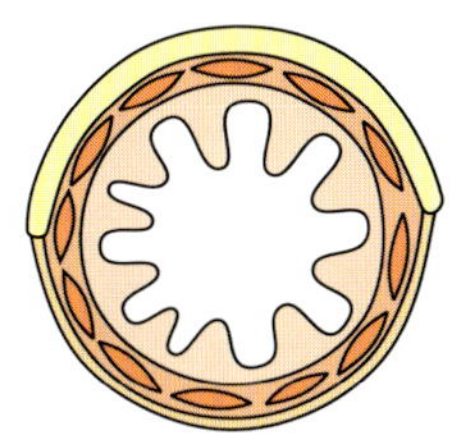

Offene Bronchien

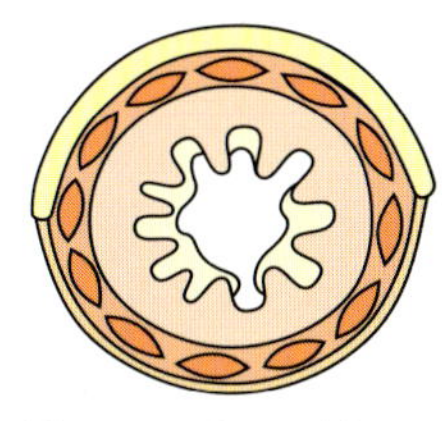

Verengte Bronchien

Erkennen

- Auf den ersten Blick: Betroffener sitzt verkrampft, meist leicht vorne übergebeugt
- Atemnot, in schweren Fällen mit Blaufärbung (Zyanose) besonders der Lippen
- Erschwerte, verlängerte Ausatmung

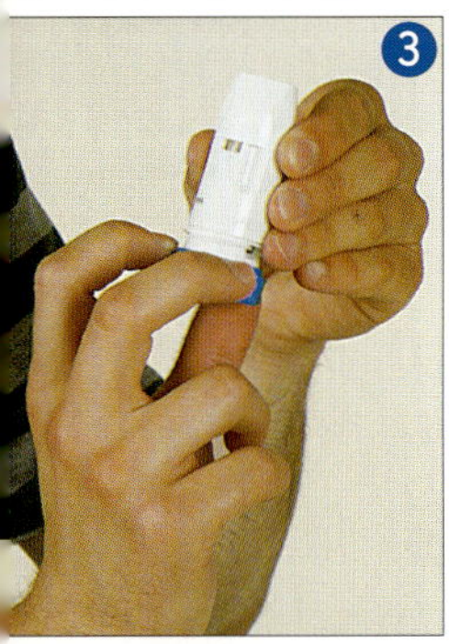

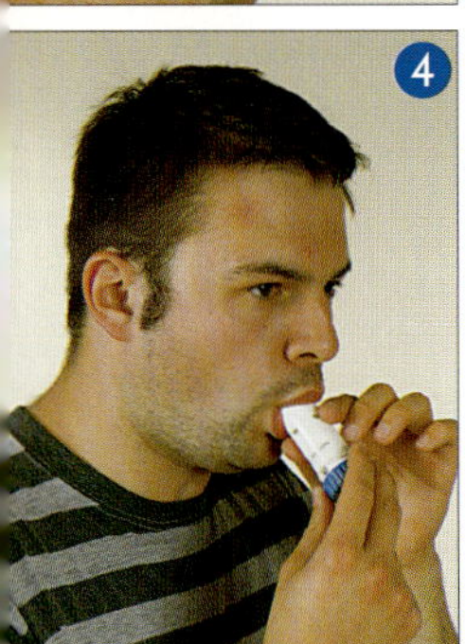

- Auffällige, veränderte Atemgeräusche bei der Ausatmung: Pfeifen, Giemen und Brummen durch die bei der Atmung bewegten Schleimfäden
- Beschleunigter Puls

Handeln

- Unser Maßnahmenpaket *„Wie bei allen Problemen in der Brust“*
- Bitten Sie jedoch den Betroffenen – falls er es nicht bereits tut – den Oberkörper leicht nach vorne zu beugen, um die Kontrolle der Ausatmung zu unterstützen.
- Fordern Sie ihn auf, über gespitzte Lippen als so genannte Lippenbremse (Flötenatmung, 1) auszuatmen, da diese verlängerte und im Ausatemdruck verringerte Ausatmung effektiver ist.
- Falls ein vom Arzt verschriebenes Dosieraerosol zur Hand ist 2–4, helfen Sie bei der Medikamenteneinnahme (Sprühstoß in die Einatemphase; max. 3 Sprühhübe, da das Aerosol Auswirkungen auf das Herz-Kreislauf-System hat).

Vorbeugen

Allergene vermeiden:

- Auch der größte Katzennarr muss im Interesse seiner Gesundheit bei einer Katzenhaarallergie auf einen Kontakt mit diesen geliebten Vierbeinern verzichten.
- Bei Hausstaubmilbenallergie sollten Sie Spezialbezüge für die Matratzen und Staubsauger mit Spezialfiltern nutzen. Typische Staubfänger wie Boden-, Wand- und Fenstertextilien sollten Sie entfernen und z. B. durch leicht zu reinigende Materialien ersetzen.
- Immer häufiger treten Allergien im Beruf z. B. bei Bäckern, Friseuren auf. Nehmen Sie frühe Warnzeichen wie Hautrötungen, Jucken der Haut ernst. Lassen Sie sich von einem Allergologen/Dermatologen untersuchen. Im Extremfall muss man über ein berufliches Umsatteln nachdenken.
- Meiden Sie verrauchte Zimmer. Reduzieren Sie, wenn Sie sich nicht zum kompletten „Aus für das Rauchen“ durchringen können, Ihren Zigarettenkonsum.
- Im Stau oder bei dichtem Stadtverkehr im Dunst von Abgasen stellen Sie am besten das Gebläse ab.

Beachten Sie die Auswirkungen von Witterungsverhältnissen:

- Belasten Sie Ihren Körper in Allergiezeiten, bei hohen Ozonwerten und in feuchtkalter Luft möglichst nicht.
- Reisen Sie in für Ihre Atemwege optimale Urlaubsgebiete: z. B. in die Berge oder an die See, in trockenwarmes Wüstenklima oder in das pollenfreie Klima bei Kreuzfahrten auf hoher See.

Aktive Vorbeugung:

- Nehmen Sie die vom Arzt verschriebenen vorbeugenden Mittel – besonders in Allergiezeiten – ein.
- Besonders wenn psychische Faktoren stark einwirken, sind autogenes Training/Atemgymnastik empfehlenswert.
- Tragen Sie Ihr Medikament für den Notfall immer bei sich!
- Tragen Sie die Erkrankung in einen Notfallpass/eine Notfallkapsel ein, den/die Sie dann immer mit sich führen.

Beinahe-Ertrinken

Erkennen

- Auf den ersten Blick: Badeunfall
- Störungen der lebenswichtigen Funktionen wie z. B. Bewusstlosigkeit, Atemstörungen bis Atemstillstand

Handeln

Duch das Eindringen des Wassers in die Lunge kann es zu einer Störung bzw. einem Ausfall der Vitalfunktionen kommen. Aus diesem Grund stehen nach der Rettung aus dem Wasser die Maßnahmen zur Sicherung und zur Wiederherstellung der Vitalfunktionen im Vordergrund:

Beim Ansprechbaren:

- Unser Maßnahmenpaket *„Wie bei allen Problemen in der Brust"*

Beim Bewusstlosen:

- Unser Maßnahmenpaket *„Wie bei jedem Bewusstlosen"*

Beim Atem- und Herz-Kreislauf-Stillstand:

- Unser Maßnahmenpaket *„Herz-Lungen-Wiederbelebung (HLW)"*

Vorbeugen

Gerade im Wasser ist „Vorsicht die Mutter der Porzellankiste". Einige Beispiele:

- Selbstüberschätzung z. B. im Wellenbad oder im Meer bei hohem Wellengang vermeiden.
- Damit Kinder nicht unbemerkt hineinfallen können, sollten Teiche und Schwimmbecken entsprechend gesichert werden.
- Da Betablocker am Herzen wie ein „Drehzahlbegrenzer" wirken, ist damit der körperlichen Belastbarkeit Grenzen gesetzt. Das muss man beim Baden beachten.
- Kein „wildes" Baden: Kalte Strömungen z. B. in Baggerseen, wilde Unterwassermüllkippen oder eine problematische Wasserqualität (verursacht durch Blaualgenpest, Bakterien etc.) können zu unliebsamen bis zu tödlichen Überraschungen werden.
- Badeverbote und Warnungen des Wasserrettungspersonals beachten!
- Achtung, Gezeiten! Wattwanderungen sollte man nur mit Führer oder mit der nötigen Vorsicht und Gezeitenkalender wagen. Wegen des großen ablandigen Soges nicht bei ablaufendem Wasser baden.
- Keine Kopfsprünge in unbekanntes Wasser!
- Beim Segeln Sturmwarnungen u. Ä. beachten! Immer Schwimmweste tragen! Richtiges, rutschfestes Schuhwerk tragen!
- Auch das Tauchen sollte nur in freigegebenen Gewässern und am besten mit einem Partner, einem Ortskundigen zusammen. Selbstverständlich müssen Auftauchzeiten eingehalten werden und schon bei der Planung des Tauchganges berücksichtigt werden. In entsprechenden Gewässern ist auf Haiwarnungen zu achten.

Badeunfälle passieren oft durch falsches Verhalten.

Lungenödem

Am häufigsten begegnet uns das Lungenödem im Zusammenhang mit Erkrankungen des Herzens. Bei einer Herzschwäche kommt es zu einem Rückstau des Blutes im Lungenanteil des Blutkreislaufes und darüber zum Lungenödem. Eine andere Ursache ist die Schädigung der empfindlichen Zellwände (Membranen) der Lungenbläschen durch giftige Gase wie z. B. Rauch.

Bei beiden tritt Flüssigkeit aus dem Gewebe in die Lungenbläschen ein. Sie lagert sich auf den Wänden des Bläschens und damit auf der wichtigen Gasaustauschfläche ab und verlängert den Weg des Sauerstoffs aus der Einatemluft in das Blut, das in den Haargefäßen an den Lungenbläschen vorbeiströmt.

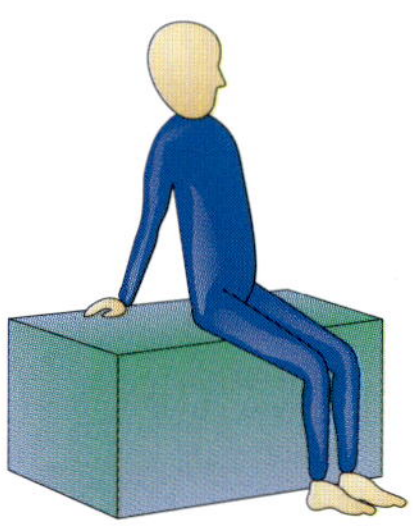

Lagerung beim Lungenödem

Bei jeder Atembewegung wird auch die Flüssigkeit in den Atemwegen hin- und herbewegt. Dadurch entstehen die charakteristischen, an das „Blubbern" kochenden Wassers erinnernden Atemgeräusche: Das „Kochen auf der Brust".

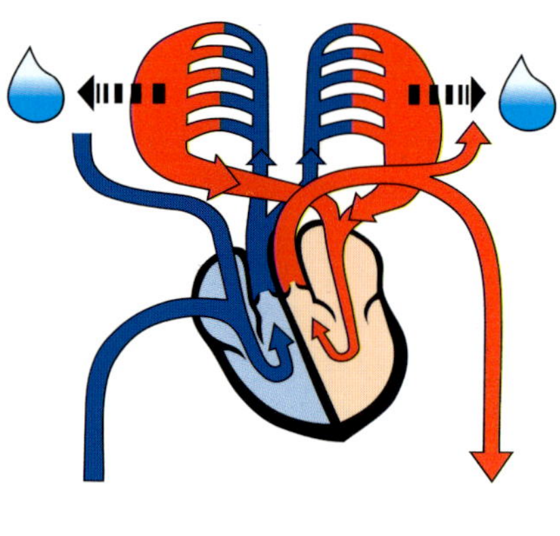

Schematische Darstellung eines Lungenödems.

Im Nachfolgenden konzentrieren wir uns auf das Lungenödem nach Einatmung giftiger Gase: das so genannte toxische Lungenödem.

Das kardiale Lungenödem, das bei einer Herzschwäche auftritt, lernen wir später im Rahmen des Herzinfarktes und der Angina pectoris näher kennen *(siehe „Rund um Herz und Kreislauf", S. 58ff.)*.

Erkennen

- Auf den ersten Blick: typische Situation mit Freisetzung von giftigen Gasen oder Reizgasen z. B. bei einem Brand oder bei einem Reizgaseinsatz während „militanter" Demonstrationen
- Atemnot; feinblasige, rasselnde Atemgeräusche
- Blässe
- Schneller Puls

Handeln

- Unser Maßnahmenpaket *„Wie bei allen Problemen in der Brust"*
- Zusätzlich: Beine baumeln lassen, also möglichst tief lagern.

Hinweis

Kombiniert sich Reizgas mit Wasser, sind bei den Betroffenen nicht nur das toxische Lungenödem, sondern andere Hautreizungen bis hin zu Verätzungen zu beachten und zu versorgen *(siehe „Rund um Gifte", S. 114ff.)*.

Beruf und Betrieb

In besonderen Gefahrenbereichen werden meistens Dosieraerosole vorgehalten, die Cortison enthalten (z. B. Auxiloson) und die die Membranen der Lungenbläschen stabilisieren und dadurch das Eindringen von Flüssigkeit stoppen. Helfen Sie im Notfall bei der Verabreichung des Sprays (Sprühstoß in die Einatemphase).

Wichtig ist besonders das richtige Verhalten bei Bränden und Gefahrgutunfällen:

- Kamineffekte vermeiden: Stehen Sie nicht im Abzug von Rauch, z. B. an Fenstern.
- Windrichtung beachten.
- Die Giftigkeit (Toxizität) verbrennender Stoffe (z. B. Plastik) sollten Sie nicht unterschätzen!
- Atemschutz (z. B. im Brandschutz von Betrieben)

Hyperventilation

Bei manchen Teenies ist es der Anblick der angehimmelten Boygroup, der das Notfallbild der Hyperventilation auslöst. Meistens entsteht sie aus psychischen Stresssituationen. Der Betroffene atmet dabei schnell und verstärkt, sodass Kohlendioxid vermehrt abgeatmet wird und der Sauerstoffspiegel im Blut steigt. Hierdurch verschiebt sich der pH-Wert in Richtung basisch. Ausgeprägte Formen der Hyperventilation können wir an folgenden Symptomen erkennen:

Erkennen

- Typische Situation: Aufregung, psychische Anspannung u. Ä.
- Schnelle, verstärkte Atmung
- Kribbelgefühle, besonders an Armen und Händen sowie im Gesicht
- Krämpfe an Händen und um den Mund (Pfötchenstellung und Karpfenmund)

Handeln

- Lassen Sie den Betroffenen einige Male z. B. in eine Plastiktüte zurückatmen. Hierdurch reichert sich die Einatemluft mit Kohlendioxid an, sodass sich die Konzentrationen von Kohlendioxid und Sauerstoff im Blut normalisieren.
- Unser Maßnahmenpaket *„Wie bei allen Problemen in der Brust"*: Atemanweisungen geben: Langsam durch die Nase ein- und gegen eine Lippenbremse (z. B. Flötenatmung) ausatmen.
- Und natürlich das **PAKET**. Bei Hyperventilation ist eine intensive psychische Betreuung besonders wichtig.

Hinweis

Auch wenn der Betroffene das Gefühl der Atemnot hat, geben Sie hier keinen Sauerstoff!

Das Atmen in eine Plastiktüte hilft, die Konzentrationen von Sauerstoff und Kohlendioxid im Blut zu normalisieren.

Rund um Herz und Kreislauf

Ein etwa faustgroßer Hohlmuskel ist das Zentrum unseres Herz-Kreislauf-Systems: das Herz. Mit 60 bis 80 Schlägen transportiert es ca. 5 Liter pro Minute. Ein rotes Blutkörperchen schwimmt dadurch die Strecke vom Herzen zur Großzehe und zurück in ungefähr 30 Sekunden. Vom Herzen gehen zwei Anteile des Blutkreislaufes ab. Der an der linken Herzhälfte beginnende Anteil versorgt den Körper mit sauerstoffreichem Blut. Über die Venen führt er mit Kohlendioxid, dem Abfallprodukt der Zellarbeit, angereichertes Blut wieder zum Herzen zurück. Dieses sauerstoffarme Blut durchwandert die rechte Herzhälfte und verlässt sie in Richtung Lungen. Dort wird es wieder mit Sauerstoff aus den Lungenbläschen angereichert und gelangt anschließend zum linken Herzen. Dort schließt sich der Kreislauf.

Das Herz ist zentraler Motor unseres Lebens. Deshalb wird es selbst bei schlechter Durchblutungslage des gesamten Körpers, wie dem Schock, am besten mit ausreichend Blut versorgt. Die Natur hat es vor diesem Hintergrund günstig eingerichtet, dass die den Herzmuskel versorgenden Herzkranzarterien direkt hinter dem Ausgang der linken Herzhälfte abzweigen. Der Herzmuskel versorgt sich regelrecht an der Quelle, bevor das Blut weiter zu anderen Körperorganen gelangen kann.

Übersicht: Notfälle des Herz-Kreislauf-Systems

Welche Störungen des Herz-Kreislauf-Systems können uns als Notfälle begegnen?

- Herzrhythmusstörungen
- Herzschwäche (Herzinsuffizienz):
  - Diese betrifft entweder nur eine Seite des Herzens (Rechtsherzinsuffizienz, z. B. bei einem Asthma-bronchiale-Anfall, oder Linksherzinsuffizienz, z. B. bei Bluthochdruck)
  - oder das gesamte Herz (Globalherzinsuffizienz, z. B. bei Herzinfarkt oder bereits länger bestehender Linksherzinsuffizienz)
- Angina pectoris und Herzinfarkt
- Schock verschiedener Ursachen

Welche Haupterkennungszeichen begegnen uns bei Störungen des Herz-Kreislauf-Systems?

- Pulsveränderungen
  - Frequenz: hoch/niedrig
  - Stärke: schwach, schlecht tastbar
  - Rhythmus: ggf. unregelmäßig
- Schockzeichen: u. a. Blässe, Kaltschweißigkeit, Frieren/Frösteln, ggf. Zyanose
- Im Extremfall kommt es zum Ausfall einer oder mehrerer Vitalfunktionen: Bewusstlosigkeit, Atemstillstand, Herz-Kreislauf-Stillstand
- Spezielle Anzeichen je nach Ursache und geschädigtem Anteil

Maßnahmenpaket: Herz-Kreislauf-System

1	*Wenn möglich: Ursachen beseitigen/mindern*	• *Z. B. Blutung stillen, Flüssigkeit zuführen*
2	*Spezielle Maßnahmen, je nach Ursache*	• *Bei herzbedingten Störungen: das Maßnahmenpaket „Wie bei allen Problemen in der Brust"* • *Bei bedrohlichen Blutungen: das Maßnahmenpaket „Stillung von Blutungen an Gliedmaßen"* • *Bei kreislaufbedingten Störungen: das Maßnahmenpaket „Schock"* • *Je nach ausgefallenen Vitalfunktionen: Beatmung, das Maßnahmenpaket „Herz-Lungen-Wiederbelebung (HLW)"*
3	*Das* **PAKET**	

Schock

Im Volksmund begegnet einem der Begriff „Schock", wenn es um Schreckmomente geht. Dass diese auch kreislaufwirksam sein können, haben wir bereits bei den Ohnmachten kennen gelernt.

Was beschreibt dieser Begriff in der Medizin? Diese spricht immer dann vom „Schock", wenn nicht mehr genügend Blut zirkuliert, um den Blutbedarf und damit auch die Sauerstoffversorgung des gesamten Körpers zu decken.

Dieser Oberbegriff „Schock" beschreibt einen Zustand, der ganz verschiedene Ursachen haben und uns als Begleitbild bei ganz unterschiedlichen Notfällen begegnen kann.

Eine kurze Übersicht über mögliche Ursachen:

- Flüssigkeitsverluste
  - Blutverlust bei inneren oder äußeren Blutungen
  - Verlust von Blutplasma, das z. B. bei Verbrennungen aus den durch die Hitzeeinwirkung geschädigten Blutgefäßen in das Gewebe, in die Brandblasen und um die Wundoberfläche tritt
  - Verlust von Flüssigkeit mit Elektrolyten (gelösten Salzen/Mineralien), z. B. durch starkes Schwitzen, ausgeprägten Brechdurchfall
- Allergische Reaktionen, bei denen Flüssigkeit aus dem Blut in das umlie-

Maßnahmenpaket: Schock

1	*Wenn möglich: Ursachen beseitigen/mindern*	• *Z. B. Blutung stillen*
2	*Schocklage*	• *Flach auf den Rücken legen und entweder die Beine hochlagern (maximal 30°, da bei steilerer Lage die Gefäße im Schritt abgeklemmt werden 1 2) oder den ganzen Körper in leichte Kopftieflage bringen.* • *Ziel ist eine entspannte Lage, bei der kein Muskel des Betroffenen mehr aktiv sein muss!* • *Die Schocklage wird nicht hergestellt, wenn eines der folgenden „Bs" durch eine Verletzung oder akute Erkrankung betroffen ist: Birne, Brust, Bauch, beide Beine.*
3	*Das* **PAKET**	

1

2

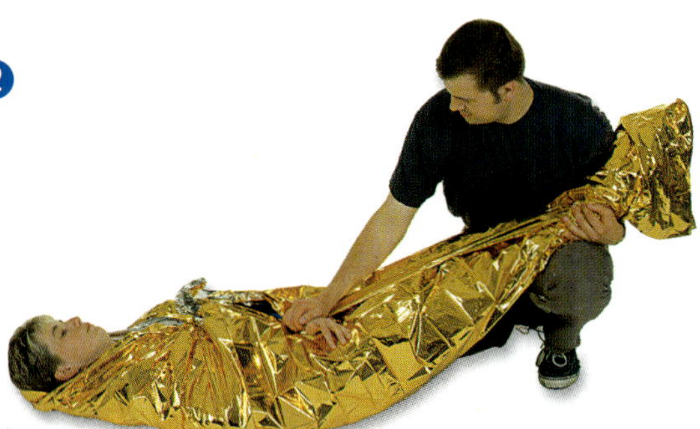

gende Gewebe „versackt" und dort zu ausgeprägten Schwellungen führen kann

▶ Störungen am Herzen, wie z. B. Herzinfarkt

Alle genannten Ursachen führen zu einem Blutdruckabfall, da in den Blutgefäßen deutlich weniger Blut strömt als normal. Spezielle Messstellen in den Blutgefäßen registrieren und melden diese Veränderung. Der Organismus reagiert mit dem Mechanismus der Zentralisation. Ziel ist es dabei, die lebenswichtigen Organe so lange wie möglich mit so viel Blut wie möglich zu versorgen. Deshalb stellt der Körper die außen liegenden Gefäße eng und lenkt damit die verbliebene Blutmenge vorrangig in den Körperkern. Diese Reaktion löst der Körper durch eine Ausschüttung des Botenstoffes Adrenalin aus. Dieser regt ferner das Herz an, schneller und intensiver zu schlagen.

Erkennen

Dieser Mechanismus der Zentralisation erklärt folglich typische Erkennungszeichen des Schocks:

- Zeichen der Zentralisation
  - Schneller, schwacher Puls; ggf. unregelmäßig
  - Blasse und kalte Haut mit kaltem, klebrigem Schweiß als Zeichen des Stresses
- Zeichen des Sauerstoffmangels
  - Schnelle Atmung
  - Ggf. Atemnot mit Blaufärbung der Lippen und Mundschleimhaut (Zyanose)
- Ggf. Unruhe, Angst
- Ggf. Bewusstseinstrübung bis zur Bewusstlosigkeit

Handeln

- Unser Maßnahmenpaket *„Schock“*
- Das **PAKET**

Achtung!

Sollte eine Störung der Herztätigkeit oder der Atmung die auslösende Ursache sein, muss der Betroffene mit erhöhtem Oberkörper gelagert werden (also entsprechend unserem Maßnahmenpaket *„Wie bei allen Problemen in der Brust“*).

Vorbeugen

- Belastbarkeitsgrenzen des Körpers – besonders des Herzens – müssen akzeptiert und beachtet werden. Treten Warnzeichen wie Durst oder Kurzatmigkeit auf, muss unverzüglich reagiert werden.
- Allergien: Einerseits ist es sicherlich ein wichtiger Weg, mit seinem Facharzt über eine Desensibiliserung oder andere Therapieansätze den Kern der Allergie selber anzugehen. Andererseits muss ein Allergiker und in weiten Teilen auch seine Familie mit der Allergie bewusst leben lernen. Bei bekannten Allergien muss so weit möglich der Kontakt mit den Allergenen vermieden werden. Für den Notfall sollte man das vom Arzt verschriebene Notfallmedikament wie das Dosieraerosol (z. B. Mittel wie Berotec), das Krämpfe der Bronchialmuskulatur löst und eine Erweiterung der unteren Atemwege ermöglicht, oder Adrenalin Medihaler mitführen.

Beruf und Betrieb

- Zum Teil muss der Berufswunsch oder der Beruf aufgegeben werden, wenn z. B. im Bäckereihandwerk bei Mehlstauballergien ständig eine starke Allergenbelastung besteht. Bei einer nachgewiesenen Allergie sind entsprechende Umschulungsmaßnahmen möglich.
- Bei Verbrennungen/Verbrühungen früh und ausreichend kühlen, um den weiteren Austritt von Blutplasma aus geschädigten Blutgefäßen zu drosseln oder sogar zu stoppen.

Der schwarze Freitag

Eine kleine Geschichte zum besseren Verständnis des Schockmechanismus aus dem Ausbildungsprogramm „Ersthelfer von morgen“ der Johanniter für Kinder im Vor- und Grundschulalter.

Herr Körper ist ein erfolgreicher Fuhrunternehmer. Er hat viele Mitarbeiter und spezielle Laster, Erys genannt, die bis zu vier Einheiten des wertvollen Rohstoffs Sauerstoff transportieren können. Da dieser Rohstoff überall gebraucht wird, hat Herr Körper viele Aufträge. Und so wuchs sein Bankkonto über die Jahre hinweg ganz gewaltig. Mittlerweile hat er eine schöne Villa im Grünen und ein dickes Auto.

Heute ist Freitag, der dreizehnte. Und wie das Schicksal es will, kommt nicht nur eine schwarze Katze von der falschen Seite über die Straße, sondern auch noch eine Panne nach der anderen. Bei dem einen Laster fällt der Motor aus, beim anderen sind die Bremsen nicht mehr in Ordnung. Der Fahrer eines weiteren Lasters lag am Vortag zu lange in der prallen Sonne am Baggerloch und hat einen Sonnenstich.

„Was soll ich nur machen?“, stöhnt Herr Körper und rauft sich die Haare. „Mir fehlen die Laster an allen Ecken und Enden! Wie soll ich nur alle Aufträge erfüllen?“

Dann hat er die rettende Idee. Er ruft alle Fahrer zusammen und erklärt ihnen seine Lösung: „Hört alle gut zu! Ihr kennt unser Problem! Drei Laster sind ausgefallen! Nun ja, keine Sorge, euer Chef hat natürlich eine Lösung. Also – erst einmal werde ich einigen Kunden, die den Sauerstoff heute nicht so dringend brauchen und sowieso ganz weit draußen wohnen, absagen. Dazu gehört z.B. Firma Großzeh, ganz am anderen Ende der Stadt. Aber wer braucht heute wohl den Sauerstoff am dringendsten?“

Ein Fahrer ruft: „Firma Herz! Ohne Sauerstoff kann sie ihre Pumpe nicht laufen lassen.“ „Dann müssen wir aber auch bei der Firma Gehirn vorbeifahren. Ohne Sauerstoff funktioniert ihre Steuerungsanlage nicht!“, meint ein anderer.

„Ja, ihr habt Recht. Beide liegen auch sehr nahe an der Fabrik Lunge & Co., wo wir den Sauerstoff abholen. Alles klar! Dann beliefern wir heute vornehmlich die Firmen Herz und Gehirn. Aber das alleine reicht noch nicht aus, um die restlichen Aufträge für heute zu erledigen. Gerne tue ich es ja nicht: Aber da wir heute so knapp an Lastern sind, dürft ihr ausnahmsweise schneller als 80 fahren. Aber nicht mehr als 100! Versteht ihr!?“

Die Fahrer tuscheln laut untereinander. Manche Fahrer freuen sich: „Prima, da kann ich wenigstens mal auf die Tube drücken und alles aus der Karre rausholen.“ Die älteren Fahrer stöhnen: „Mein Gott, wird das eine Hetze!“

Herr Körper erhebt noch einmal die Stimme: „Also los, frisch ans Werk! Jetzt darf aber kein Laster mehr ausfallen, sonst schaffen wir das unmöglich! Fahrt vorsichtig! Bis später!“

Und schon laufen die Fahrer zu ihren Lastern und flitzen los, um den Wettlauf mit der Zeit zu gewinnen. Am Abend sind alle nass geschwitzt und fallen redlich müde ins Bett.

Ralf Sick

Freizeit, Reise und Sport

▶ Bei starken körperlichen Anstrengungen und Schwitzen müssen Sie genügend Flüssigkeit mit Elektrolyten zu sich nehmen. Dabei sind ausgewogene Sprudel- oder stille Wässer mit vielen Mineralien wie Kalzium sehr gut geeignet. Im Mineralwasser sollten nicht mehr als 100–150 mg/l Na^+-Ionen sein. Bei längeren Aktivitäten sollte man diesem Fruchtsaft beimischen (4 Teile Wasser, 1 Teil Fruchtsaft). Schon im Normalfall sollten Sie etwa 1,5–2 l pro Tag trinken. Bei Belastung muss Ihr Trinkvolumen deutlich darüber liegen.

▶ Bei Brechdurchfall empfiehlt sich schwarzer Tee, den man nur kurz (unter 2 Minuten) ziehen lässt und den man leicht zuckern kann. Aber auch Cola wird sehr gerne genommen. Sie liefert genügend Zucker als Energiespender, den man wegen des mangelnden Appetits ansonsten kaum noch zu sich nehmen kann. Allerdings sollte man sie ohne Kohlensäure (vorher herausrühren) und nicht kalt servieren. Dazu kann man Salzstangen oder ähnliches Laugengebäck essen, das zu einem Rückhalten von Flüssigkeit im Darmtrakt führt und so den Flüssigkeitsverlust über den Durchfall einschränkt. Kohle-Compretten und Präparate wie Imodium, die vom Arzt verschrieben werden, runden die Behandlung ab.

▶ Bei Auslandsreisen treten häufiger Durchfälle nach dem Genuss von nicht abgekochtem Leitungswasser auf. Grundsätzlich sollten Sie auf kontrolliert abgefülltes Mineralwasser zurückgreifen oder das Leitungswasser abkochen. Verzichten Sie lieber auf Eiswürfel in Ihren Kaltgetränken! Sollte es trotzdem passieren und „Montezumas Rache" – wie der Brechdurchfall scherzhaft umschrieben wird – zuschlagen, ist eine gute Reiseapotheke wichtig, die o.g. Medikamente beinhaltet *(siehe „Reiseapotheke", S. 119)*.

Angina pectoris und Herzinfarkt

Die Angina pectoris und der Herzinfarkt scheinen eine regelrechte Zivilisationskrankheit zu sein – eine „Managerkrankheit" in einer Zeit, die von der Zeit bestimmt ist. Mit dem Motto „Time is money" schaffen sich viele Menschen selbst Zeitnot, Stress, Bewegungsmangel, hektisches Fastfood und damit nahezu alle Risikofaktoren für diese beiden Krankheits- und Notfallbilder.

Auf der Grundlage einer Arteriosklerose kommt es zu einer Verengung der Herzkranzgefäße. Damit ist die Eigenversorgung des Herzmuskels mit Blut und damit mit Sauerstoff gefährdet. So kommt es bei der Angina pectoris zum akuten Sauerstoffmangel des Herzmuskels. Einerseits tritt dies durch körperliche Belastung, mit der die Durchblutung des Herzmuskels nicht

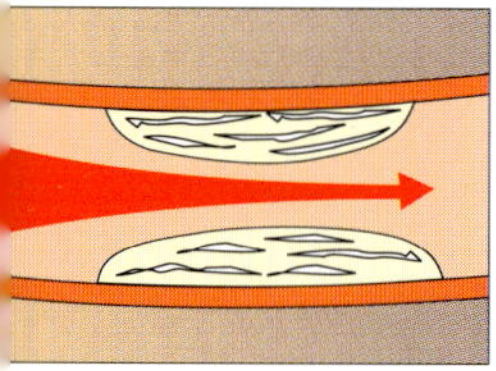

Durch Ablagerungen verengtes Herzkranzgefäß (Angina pectoris)

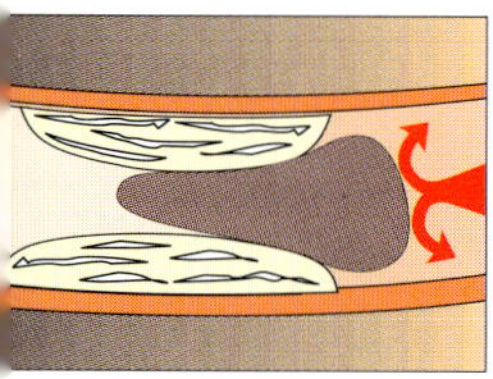

Durch Ablagerungen verschlossenes Herzkranzgefäß (Herzinfarkt)

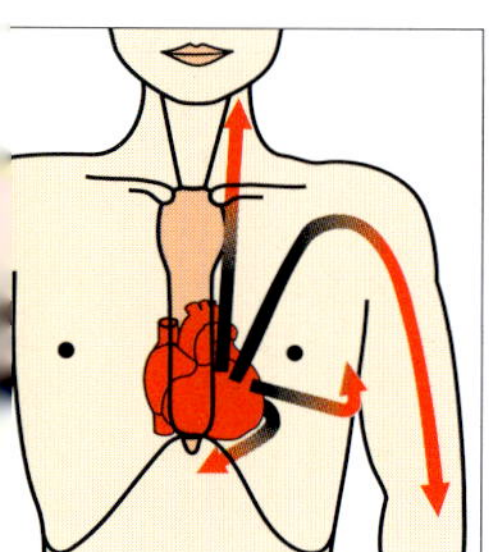

Schmerzstrahlung

Schritt halten kann, oder durch Verkrampfung der Herzkranzgefäße ein. Dies ist ein vorübergehendes Notfallbild, das bei der nötigen Ruhe und Schonung wieder abklingt.

Anders beim Herzinfarkt. Hier werden ein oder mehrere Herzkranzgefäße z. B. durch ein sich festsetzendes Blutgerinnsel verschlossen. Die dahinter liegende Muskelregion kann nicht weiter mit Blut versorgt werden und stirbt nach kurzer Zeit ab.

Überall wo es zum Sauerstoffmangel kommt, treten auch Schmerzen auf. So in der Regel auch bei diesen beiden Notfallbildern. Charakteristisch ist der stechende Schmerz hinter dem Brustbein. Er führt zu einem Gefühl der Brustenge, das einen an den braven Heinrich aus dem „Froschkönig" mit seinen eisernen Ringen um die Brust erinnert.

Stumme Infarktverläufe, bei denen keine Schmerzen und teilweise auch nur wenige andere Symptome auftreten, sind seltener. Sie werden zeitweise bei Zuckerpatienten, aber auch durchaus bei anderen Patienten beobachtet. Diese Infarktform kann man z. T. nur an einer plötzlich einsetzenden körperlichen Schwäche, Verwirrtheit oder beim Pulsfühlen feststellbaren Rhythmusstörung erkennen.

Diese beiden Notfallbilder sind ohne klinische diagnostische Hilfsmittel nur schwer auseinander zu halten. Grober Anhalt ist die Kürze des Angina-pectoris-Anfalls (in der Regel nicht länger als 20 Minuten) und die gute, diesen Anfall beendende Wirkung eines Nitropräparates (z. B. als Spray oder Kapsel). Trotzdem werden beide in der Ersten Hilfe gleich versorgt und ernst genommen!

Erkennen

- Auf den ersten Blick: typische Situation mit sitzender Person, die offensichtlich unter Atemnot leidet; evtl. nach körperlicher Belastung; häufig in den frühen Morgenstunden.
- Plötzlich einsetzende Schmerzen
  - Hinter dem Brustbein und in der linken Brust, die atem- und bewegungsunabhängig sind
  - Evtl. ziehen sie in den linken Arm, den Hals, den Bauch oder Rücken.
- Beklemmungsgefühl in der Brust mit Atemnotgefühl
- Herzbedingter Schock
- Puls: häufig schnell, unrhythmisch
- Haut: blass, aschfahl, kaltschweißig
- Blaufärbung der Lippen und Schleimhäute
- Evtl. Bewusstseinstrübung/Bewusstlosigkeit

Handeln

- Betroffenen zur absoluten Ruhe anhalten.
- Unser Maßnahmenpaket *„Wie bei allen Problemen in der Brust"*
  - Atemunterstützende Lagerung (Oberkörper hochlagern)
  - Beengende Kleidung öffnen
  - Für Frischluft sorgen
  - Atemanweisungen
- Evtl. bei Medikamenteneinnahme behilflich sein (Nitrospray)
- Das **PAKET**: früher Notruf!

Hinweis

- Die Dosis macht auch beim Nitrospray das Gift. Hat der Betroffene bereits seine zwei Hübe unter die Zunge gesprüht, können 5 Minuten nach der ersten Nitrogabe nochmals 2 Hübe genommen werden. Dann sollte keine weitere Gabe des Sprays folgen, da Nitropräparate den Blutdruck senken.
- Eine Nitrokapsel wird vom Betroffenen angebissen, bis der Wirkstoff austreten kann. Danach soll sie ca. 1 Minute unter der Zunge liegen, bevor sie wieder entfernt wird. Ist der Betroffene kaum oder nicht in der Lage, die Kapsel anzubeißen, stechen sie diese mit einer Nadel, einem spitzen Messer o. Ä. an.
- Bei Herzinfarkt und allen Schmerzbildern in der Brust darf NIE die Schocklage hergestellt werden, auch wenn der Betroffene Schockzeichen hat. Sie würde das geschwächte Herz zusätzlich belasten.
- Geben Sie dem Betroffenen in ruhigem, aber bestimmtem Tonfall Atemanweisungen. Wichtig ist, dass er langsamer und dafür tiefer einatmet.
  - Hierzu ein Tipp: Raten Sie ihm, durch die Nase ein- und durch den Mund gegen eine leichte Lippenbremse auszuatmen (Flötenatmung). Diese Atemtechnik wirkt beruhigend.
- Auch wenn man normalerweise Blickkontakt mit dem Betroffenen halten sollte, ist es besonders beim eigenen Partner empfehlenswert, sich hinter ihn zu knien und ihn gegen den eigenen Körper zu lehnen (beruhigender Körperkontakt, Geborgenheit, Schutz, Halt). So

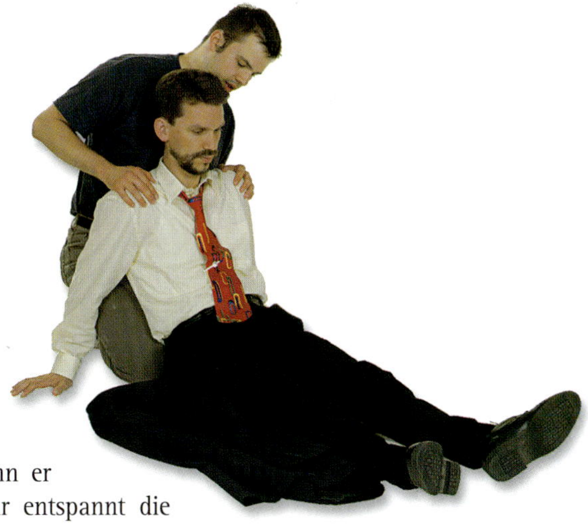

kann er sehr entspannt die atemunterstützende Lagerung einnehmen. Um die beruhigende Wirkung dieser Lagerung noch zu verstärken, fassen Sie den Betroffenen an den Schultern und ziehen diese synchron zu Ihren Atemanweisungen in der Einatemphase leicht zurück. In der Ausatemphase schieben Sie die Schultern locker nach vorne (Abb. oben).

Vorbeugen

- Schalten Sie Risikofaktoren wie Stress, Rauchen, Übergewicht aus! Ferner freut sich das Herz über eine ausgewogene und nicht zu fettreiche Ernährung.
- Jährliche Gesundheitschecks, die ab einem bestimmten Lebensalter von der Krankenkasse gezahlt werden, helfen z. B. durch die Kontrolle der Cholesterinwerte (Hinweis auf das Risiko der Arteriosklerose) bei der Früherkennung, sodass die Therapie sehr früh und erfolgreich ansetzen kann.

Freizeit, Reise und Sport

▶ Besonders sollte das Herz durch Training fit gehalten werden. Das Herz bedankt sich für eine körperliche Aktivität, die eine gleichmäßige Leistung abfordert und nicht ständig zwischen übermäßiger Beanspruchung und Minimalanforderung hin- und herspringt. Hierzu sollte man angemessen körperlich aktiv werden, wie z. B. durch Wandern, langsames Laufen, Schwimmen, Skilanglauf, Radfahren. Ungünstig sind Kraftsport, Ringen, Gewichtheben, Tauchen, Windsurfen und Ski alpin wegen der hohen Herz- und Kreislaufbelastung. Wichtig ist es, Ausdauer zu trainieren. Regelmäßiges Training verbessert den Wirkungsgrad der Körpermuskulatur. So kann die gleiche Leistung mit weniger Anstrengung und Belastung des Herz-Kreislauf-Systems erbracht werden.

Hierzu haben sich nahezu überall z. B. Herzsportgruppen gebildet, die ein ausgewogenes Sportangebot für Risikopatienten bieten. Ansprechpartner sind z. B. die Deutsche Gesellschaft für Prävention und Rehabilitation von Herz-Kreislauf-Erkrankungen, Koblenz, oder der Deutsche Sportbund, Frankfurt a. M.

▶ Sie ist zur regelrechten Lustdroge und zum Hoffnungsträger für sexuelle Erfüllung auch im Alter geworden: Viagra. Viagra birgt aber auch Risiken. Bei bestehendem Bluthochdruck sollte eine Viagra-Einnahme nur in Abstimmung mit dem behandelnden Arzt erfolgen. Ferner kann nach **Viagra-Einnahme** mehr als 12 Stunden kein Nitropräparat (z. B. Nitrolingual) gegeben werden, da dies zu lebensgefährlichen Kreislaufstörungen führen kann. Damit kann im Falle eines Angina-pectoris-Anfalls oder Herzinfarktes dieses wichtige Notfallmedikament nicht eingesetzt werden.

Elektrounfall

Elektrounfälle begegnen uns im häuslichen Bereich vor allem dann, wenn Heimwerker ihre Fähigkeiten falsch einschätzen und Stromkabel verlegen oder elektrische Geräte wie Fernseher zu reparieren versuchen.

Im betrieblichen Bereich der Feinmechanik und Elektrotechnik machen die Stromunfälle etwa 1 % aller Arbeitsunfälle aus. Dabei ist ein tödlicher Ausgang solcher Unfälle mit 20–30 % recht häufig.

Die Gefahr des Stromunfalls liegt in seiner störenden Wirkung auf die Reizleitung des Herzens. Die Folge kann ein Herzkammerflimmern sein, bei dem nicht mehr die Reizbildungszentren des Herzens die Oberhand haben und einen rhythmischen Herzschlag garantieren können, sondern die einzelnen Herzmuskelabschnitte ungeordnet in einem hohen Tempo fibrillieren. Dieses völlig unkoordinierte Zusammenziehen von Herzmuskelfasern bewirkt keine Pumpleistung mehr. Deshalb spricht man bei einem Herzkammerflimmern von einem Kreislaufstillstand. Der Ersthelfer kann weder an der Speichen- noch an der Halsschlagader einen Puls tasten.

Ferner führt der Stromdurchfluss im Körper zu äußeren und inneren Verbrennungen. Dabei ist nicht nur die Haut, sondern auch darunter liegendes Gewebe betroffen. An Ein- und Austrittsstellen des Stroms entstehen markante Verbrennungen (Strommarken).

Erkennen

Bei Kontakt mit geringen Stromstärken:

- Ggf. Atemnot, Krampfgefühl in der Brust, Herzjagen, Angstzustände, Unruhe und Schwitzen
- Diese Beschwerden gehen in der Regel schnell zurück.

Bei Kontakt mit größeren Stromstärken:

- Auf den ersten Blick: typische Situationen
  - Bewusstlosigkeit
  - Atemstillstand z. B. durch Verkrampfung der Atemmuskulatur
  - Herz-Kreislauf-Stillstand
  - Strommarken an Ein- und Austrittsstellen

Handeln

Achtung! Eigenschutz!

- Bei **Niederspannung:** Ausschalten, Stecker ziehen bzw. Sicherung herausnehmen
  - Nähern Sie sich erst dann dem Betroffenen, wenn gesichert ist, dass der Strom ausgeschaltet wurde.
- Bei **Hochspannungsunfällen** besteht Gefahr durch einen Lichtbogeneffekt. Deshalb:
  - Halten Sie mindestens 10–15 m Abstand.
  - Überlassen Sie die Rettungsmaßnahmen nur dem Fachpersonal.
  - Geben Sie beim Notruf das Stichwort „Hochspannungsunfall" an, damit die Leitstelle das zuständige Elektrizitätsunternehmen informieren kann.
- Im Betrieb: Informieren Sie zuständiges Fachpersonal, das den Strom ausschaltet.

Maßnahmen je nach gestörter Vitalfunktion

- Bewusstlosigkeit: unser Maßnahmenpaket *„Wie bei jedem Bewusstlosen"* u. a. mit der stabilen Seitenlage
- Atemstillstand: Beatmung
- Herz-Kreislauf-Stillstand: das Maßnahmenpaket *„Herz-Lungen-Wiederbelebung (HLW)"*

Versorgen der Verbrennungen (Strommarken)

- Kühlen
- Steril abdecken

Hinweis

Mittlerweile ist im Bereich der Medizintechnik die Entwicklung so weit fortgeschritten, dass sich auch für den speziell geschulten Ersthelfer das Mittel zum Durchbrechen des Herzkammer-

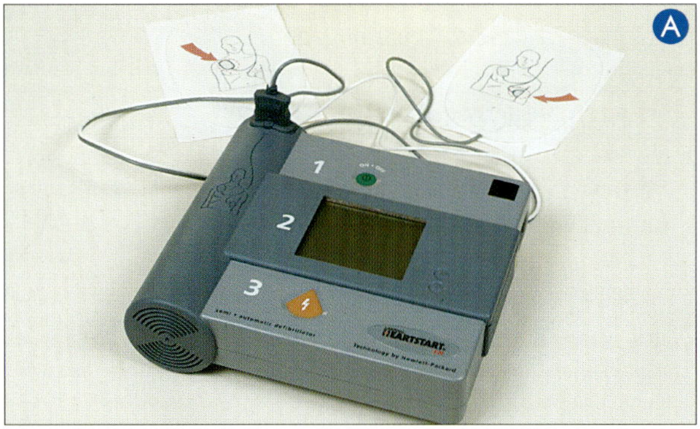

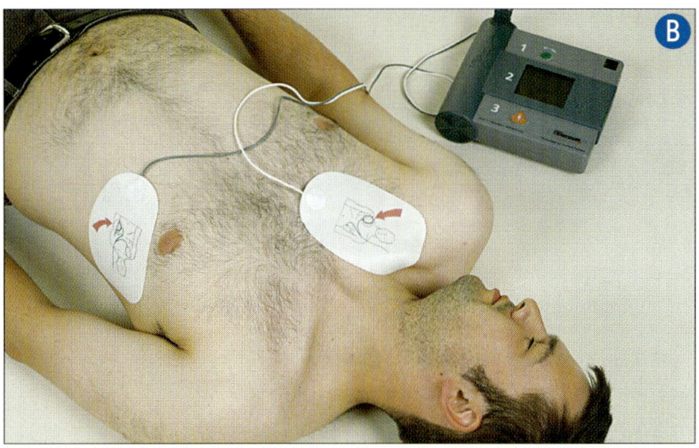

flimmerns eröffnet: die automatische externe Defibrillation (AED).

Diese vollautomatischen Geräte (A) – wie z. B. der „Heartstart Forerunner" –, die narrensicher und kinderleicht zu bedienen sind, bewirken durch einen Elektroschock, der über zwei auf den Brustkorb des Betroffenen aufgeklebte Elektroden (B) verabreicht wird, dass alle Herzmuskelzellen sich schlagartig entladen müssen und somit alle bei „null" wieder starten. Dadurch haben die Reizbildungszentren des Herzens die Chance, wieder die Oberhand zu gewinnen und einen normalen Herzrhythmus zu bestimmen. Fragen Sie bei Interesse an einer Schulung in dieser erweiterten lebensrettenden Maßnahme die Johanniter in Ihrer Nähe.

Beruf und Betrieb

Weitere Informationen zu diesem Thema können Sie der Broschüre der Berufsgenossenschaft für Feinmechanik und Elektrotechnik „Erste Hilfe bei Unfällen durch elektrischen Strom" entnehmen.

Hinweis der Berufsgenossenschaft

Welche Vorsichtsmaßnahmen empfehlen Sie beim Umgang mit elektrischem Strom?

Grundsätzlich ist das Arbeiten an spannungsführenden Teilen nicht zulässig. Trotzdem gibt es einzelne Arbeiten, bei denen sich die Gefahr, spannungsführende Teile zu berühren, nicht völlig ausschließen lässt. Bei solchen Arbeiten ist es vorgeschrieben, besonders geeignete Bekleidung und Handschuhe, besonderes Schuhwerk sowie besonderen Kopfschutz mit entsprechenden Visieren zu tragen.

Dipl.-Ing. Joachim Berger
Hauptverband der gewerblichen Berufsgenossenschaften

Herz-Lungen-Wiederbelebung

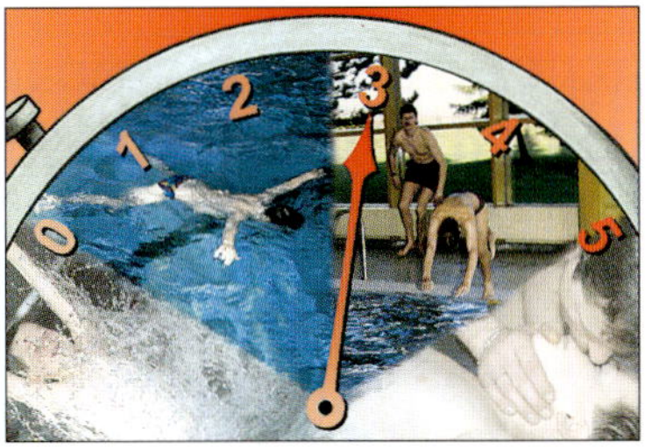

Wichtig für die Herz-Lungen-Wiederbelebung ist eine möglichst rasche Hilfe innerhalb der „magischen 5 Minuten".

Fallen die Vitalfunktionen Bewusstsein, Atmung und Herztätigkeit aus, werden sie durch die Herz-Lungen-Wiederbelebung (HLW) ersetzt. Da die Gehirnzellen empfindlich auf den entstehenden Sauerstoffmangel reagieren und nach und nach absterben, muss die HLW so früh wie möglich ansetzen. Hier zählen die „magischen 5 Minuten". Eine schlechte HLW, die sofort beginnt, ist daher mehr wert als eine hervorragende HLW mit allen technischen Raffinessen, die aber erst später startet. Es ist erwiesen, dass eine sofortige HLW auch bei Betroffenen hohen Alters gute Erfolgschancen hat. Bei uns Ersthelfern sollte weder Alter noch sonst ein Kriterium die Frage aufkommen lassen, ob man wieder belebt oder nicht. Es ist unsere persönliche Verpflichtung, dem Betroffenen eine Chance auf Weiterleben zu geben. Nur ein Arzt kann beurteilen, ob die Fortsetzung einer HLW noch sinnvoll ist.

Maßnahmenpaket: Herz-Lungen-Wiederbelebung (HLW)

1 *Diagnostischer Block, Kontrolle der Vitalfunktionen*

- *Kontrollieren Sie die Vitalfunktionen:*
  Bewusstsein 1*?*
  Atmung 2*?*
  Herzkreislauf/Puls 3*?*
- *Schlussfolgerungen:*
  - ▷ *Sind alleine die beiden ersten Vitalfunktionen ausgefallen, ersetzen Sie diese durch Beatmung.*
  - ▷ *Sind alle ausgefallen, muss die HLW gestartet werden.*

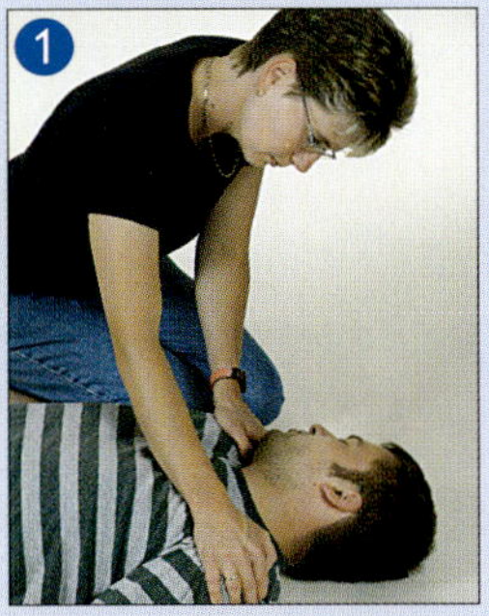

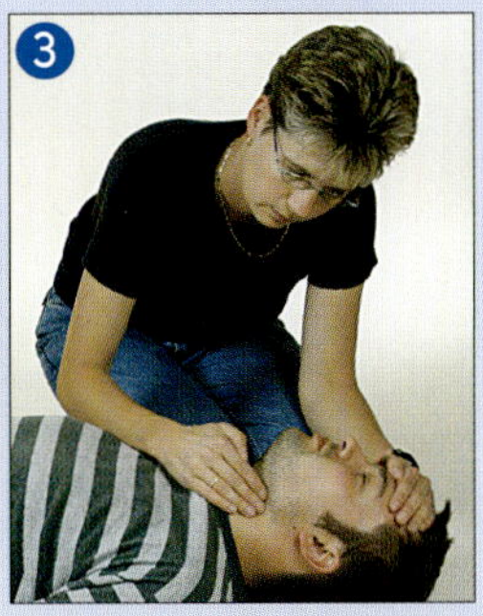

Maßnahmenpaket: Herz-Lungen-Wiederbelebung (HLW)

2 *Vorbereitende Maßnahmen für die HLW*

- *Kontrollieren Sie, ob der Mund-Rachen-Raum frei ist! Wenn nicht, dann Erbrochenes, lose Prothesenteile mit den Fingern ausräumen. Wenn Sie den Mund des Betroffenen öffnen, drücken Sie mit einem Daumen die Wangenschleimhaut zwischen Ober- und Unterkiefer. Dadurch sichern Sie, dass der Patient nicht in einem Muskelkrampf zubeißt, während Sie mit den Fingern der anderen Hand den Mund-Rachen-Raum freiräumen.*
- *Legen Sie den Betroffenen flach auf eine harte Unterlage! Ein Bett gibt in der Regel bei der Herzdruckmassage zu stark nach und ist deshalb nicht geeignet. Meistens bietet sich der Fußboden an. Optimal liegt der Betroffene auf einem Teppich oder einer flugs hingeworfenen Decke, damit er nicht nach unten auskühlt.*
- *Machen Sie seinen Brustkorb frei* 4.
- *Überstrecken Sie seinen Kopf.*

4

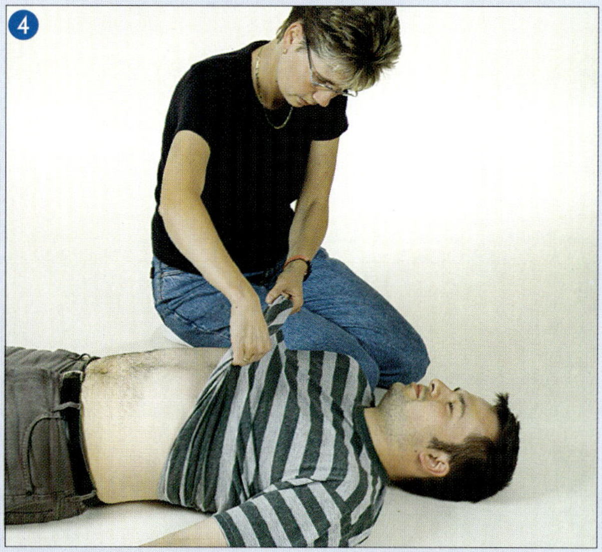

Maßnahmenpaket: Herz-Lungen-Wiederbelebung (HLW)

3 *Beatmung, Herzdruckmassage*

- *Eingangs beatmen: Eingangs wird zweimal beatmet* ❺.
- *Anschließend startet die Herzdruckmassage* ❻. *Sie wechselt sich mit der Beatmung ab.*
  Je nachdem ob ein oder zwei Helfer die HLW durchführen, muss unterschiedlich oft „gedrückt" und beatmet werden:
  - *Einhelfer-Methode:*
    15 Herzdruckmassagen zu 2 Beatmungen
  - *Zweihelfer-Methode* ❼*:*
    5 Herzdruckmassagen zu 1 Beatmung

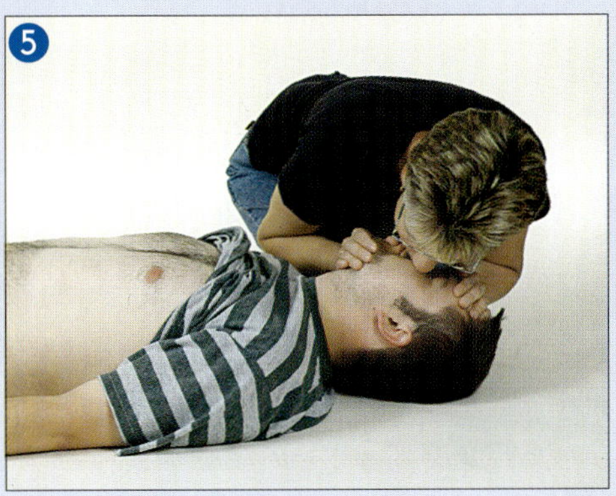

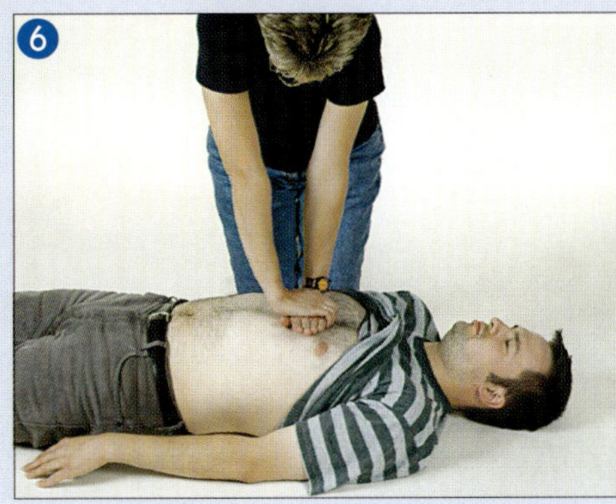

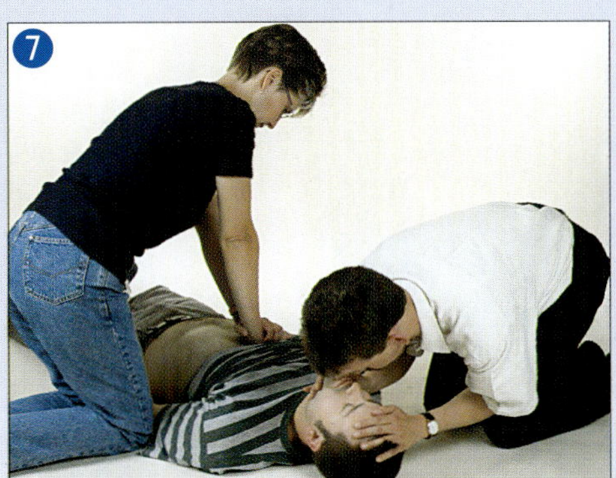

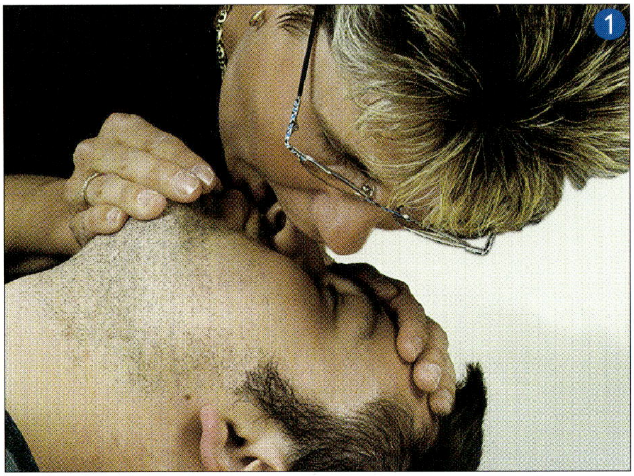

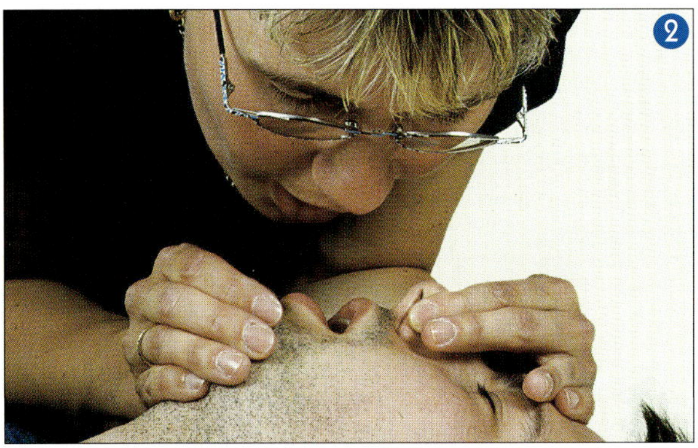

Wann erfolgt der Notruf?

Der Notruf sollte so früh wie möglich durchgeführt werden. Ist ein Telefon in greifbarer Nähe, dann kann der Notruf direkt nach dem diagnostischen Block erfolgen. Ist man z. B. beim Joggen im Wald alleine und ein Telefon nur schwer erreichbar, startet man nach einem lauten Hilferuf die HLW. Optimal ist es, wenn ein zweiter Helfer vor Ort ist. Arbeitsteilig kümmert sich dann der eine um den Notruf, während der andere bereits die HLW beginnt.

Was muss man bei der HLW beachten?

▶ **Beatmung**

Überstrecken Sie den Kopf des Betroffenen. Legen Sie hierzu eine Hand auf der Stirn am Haaransatz an. Mit der anderen ziehen Sie den Unterkiefer leicht nach oben. Am besten beatmet man Mund-zu-Nase ①. Drücken Sie hierzu mit Ihrem Daumen die Unter- an die Oberlippe, um bei der Beatmung den Mund zu schließen. Umschließen Sie dann die Nase weit genug. Atmen sie normal ein und beatmen damit. Nach jedem Beatmen kontrollieren Sie mit einem Seitenblick den Erfolg. Es muss ein Senken des Brustkorbes zu beobachten sein.

Bei der Mund-zu-Mund-Beatmung ② wird die Nase zugehalten oder bei der Beatmung durch Ihre aufgeblähten Wangen abgedichtet. Die Taschenmaske ③ bietet wie ein Notfallbeatmungstuch einen guten Infektionsschutz. Sie wird mit dem „C-Griff" bei der Beatmung über Mund und Nase fixiert.

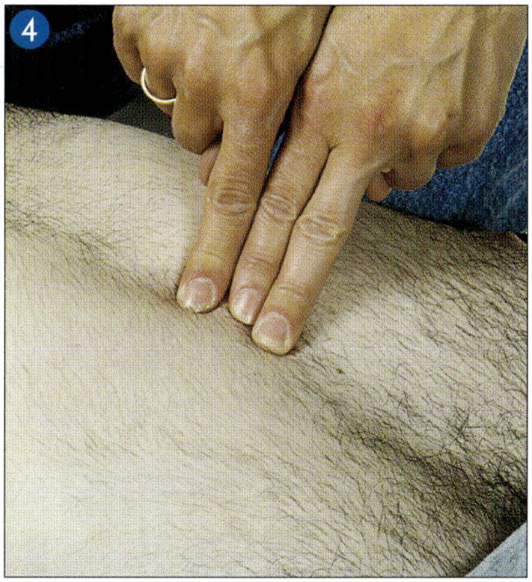

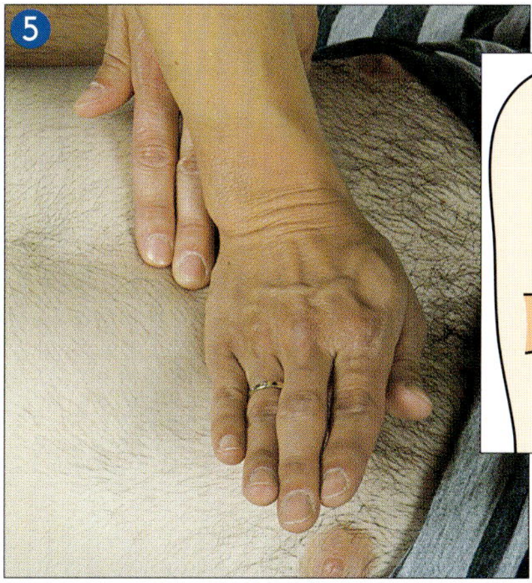

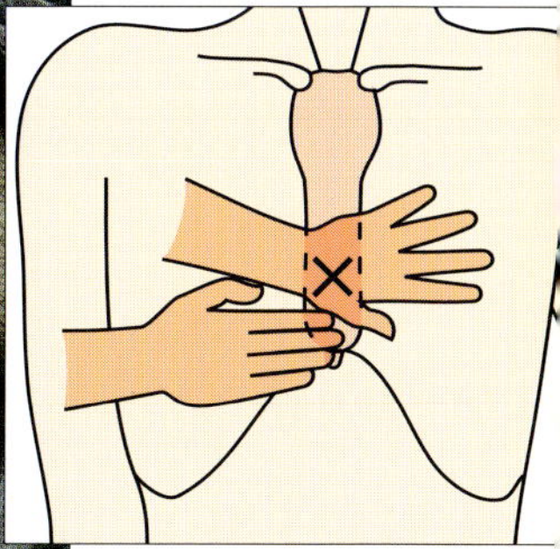

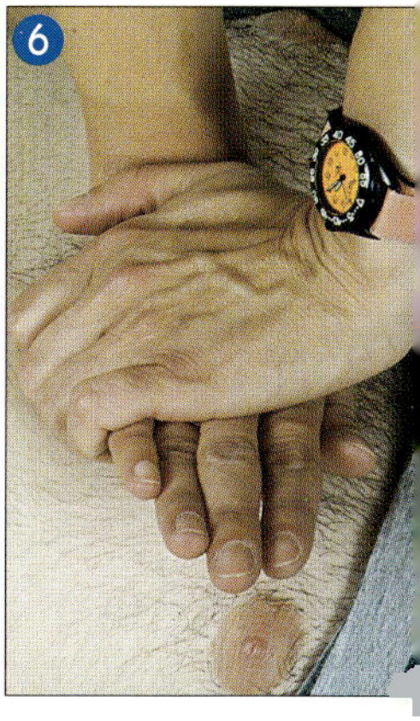

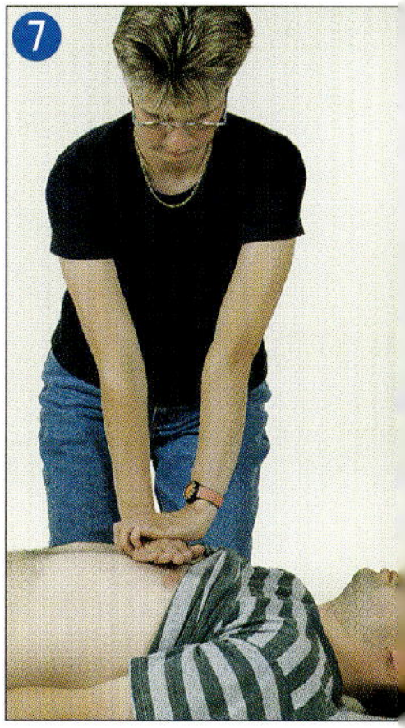

▶ **Stellung am Betroffenen**

Rücken Sie möglichst nahe mit den Knien an den Körper des Betroffenen. Wenn Sie sich über ihn beugen, muss Ihr Schultergürtel parallel über dem Brustbein des Betroffenen sein.

▶ **Der Druckpunkt**

Dort, wo die beiden Rippenbogen zusammenlaufen, findet man den Schwertfortsatz, ein kleines Anhängsel des Brustbeins. Hier legt man den ersten Finger quer auf. Zwei weitere Finger legt man daneben auf das Brustbein ❹. Direkt über dem Letzten befindet sich der Druckpunkt.

Auf diesen legt man entweder den Daumenballen oder einen Vorsprung des Handgelenks (auf der Ellenseite) auf ❺. Die andere Hand legt man auf die erste ❻. Strecken Sie die Finger von der Brust des Betroffenen ab, sodass sich der Druck wirklich auf den Druckpunkt konzentriert und nicht breit auf die Brustoberfläche verteilt.

▶ **Haltung**

Beide Arme müssen durchgedrückt werden ❼. Würde man ständig in den Ellbogen nachgeben, könnte man den Druck auf das Brustbein kaum dosieren und kontrollieren. Den Schwung zum Drücken holen Sie aus der Hüfte. Das Gewicht Ihres Oberkörpers hilft Ihnen dabei. In den Entlastungsphasen müssen Sie das Gewicht Ihres Oberkörpers vollständig wegnehmen, um den beengenden Druck komplett vom Brustkorb des Betroffenen zu nehmen und eine optimale Füllungsphase seines Herzens zu ermöglichen. Sie müssen Ihr eigenes Gewicht in der Muskulatur Ihrer Lendenwirbelsäulengegend spüren.

▶ **Drucktiefe**

Drücken Sie das Brustbein des Betroffenen ca. 4–5 cm tief.

▶ **Frequenz**

Arbeiten Sie mit einer Frequenz von 100 Druckmassagen pro Minute.

Rund um Wunden

Die Haut ist das größte Organ unseres Körpers. Sie hat vielfältige Aufgaben:

▶ **Schutzfunktion**

Sie gibt uns Schutz vor mechanischen, chemischen und thermischen Einflüssen, aber auch gegen das Eindringen von Krankheitserregern. Ferner kann sie durch eine Erhöhung der Pigmentierung ultraviolette Strahlen abhalten.

▶ **Temperaturregulation des Körpers**

Sie regelt die Körpertemperatur, indem sie zur Abgabe überschüssiger Wärme Schweiß absondert und Hautgefäße weit stellt und zur Verhinderung des Auskühlens die Hautgefäße eng stellt.

▶ **Sinnesfunktion**

Sie ermöglicht uns durch ihre verschiedenen spezialisierten Sinneszellen die Wahrnehmung von Berührungen, Schmerz und Temperaturen.

Eine ähnliche, wichtige Signal- und Botenfunktion hat die Haut ebenfalls für uns als Ersthelfer: Veränderungen ihrer Farbe weisen uns auf Störungen von Körperfunktionen hin. Hierzu einige Beispiele:

- ▶ Blässe: Kreislaufstörung
- ▶ Blaufärbung (Zyanose): Sauerstoffmangel
- ▶ Blauer Fleck: Blutung unter der Haut
- ▶ Rötung (ggf. zusammen mit Quaddelbildung oder anderen Hautreizungszeichen): allergische Reaktion oder Entzündung
- ▶ Umschriebene Rötung: Prellmarke
- ▶ Gelbfärbung: Zeichen für Probleme an der Leber (z. B. Leberzirrhose)

Um diese vielfältigen Aufgaben erfüllen zu können, ist die Haut in drei Schichten aufgebaut:

Die Oberhaut bietet der Außenwelt mit ihrer Hornhaut eine robuste, widerstandsfähige Oberfläche. Diese obere Schicht wird von unten her immer wieder erneuert. Die Oberhaut enthält zwar keine Gefäße und Nerven, dafür jedoch in den Zellen Pigmente (Melanin), die für die Braunfärbung der Haut bei starker uktravioletter Strahlung (z. B. Sonneneinwirkung) verantwortlich sind.

Die Lederhaut enthält Blutgefäße, Nerven sowie Schweiß- und Talgdrüsen. Sie ist eng mit der Oberhaut verzahnt (Abb. unten). Hierdurch werden bei Schürfwunden ihre Ausläufer „skalpiert" und es kommt zu den typischen punktförmigen Blutungen.

Die Unterhaut bildet mit vielen Fettzellen eine Isolierschicht und einen Energiespeicher des Körpers. Ferner sichert sie die nötige Verschiebbarkeit der Haut auf dem darunter liegenden Gewebe.

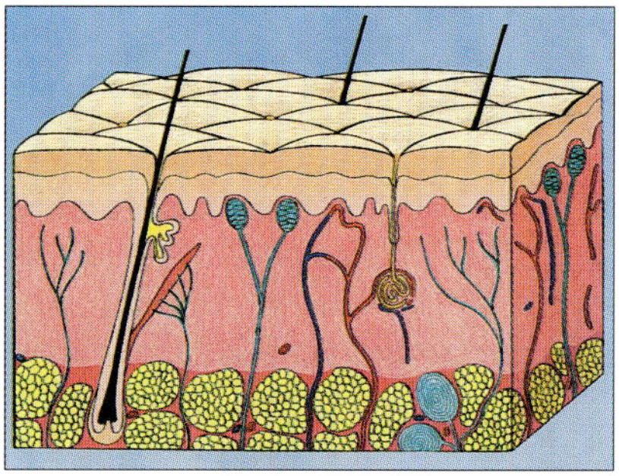

Wunden

Wunden sind Schädigungen der Haut, die durch äußere Einwirkungen entstehen. Je nach Art und Stärke der Einwirkungen werden die einzelnen Schichten der Haut teilweise oder vollständig zerstört.

Wir werden uns in diesem Abschnitt auf Wunden durch mechanische Gewalteinwirkung konzentrieren.

Neben diesen gibt es weitere, die uns in den folgenden Kapiteln begegnen werden:

- Durch thermische Einflüsse/Strahlung: Hitze- und Kälteschäden
- Durch chemische Einwirkungen: Vergiftungen/Verätzungen

Verschiedene Wundtypen

- Schürfwunden ❶
- Schnitt- und Stichwunden ❷
- Platzwunden ❸
- Riss- und Bisswunden ❹

Wundgefahren

- **Schmerz**

Schmerzen können sich auch auf das Herz-Kreislauf-System auswirken und z.B. einen Schock auslösen.

- **Blutung**

Bei größeren Blutverlusten entsteht ein Schock.

❶
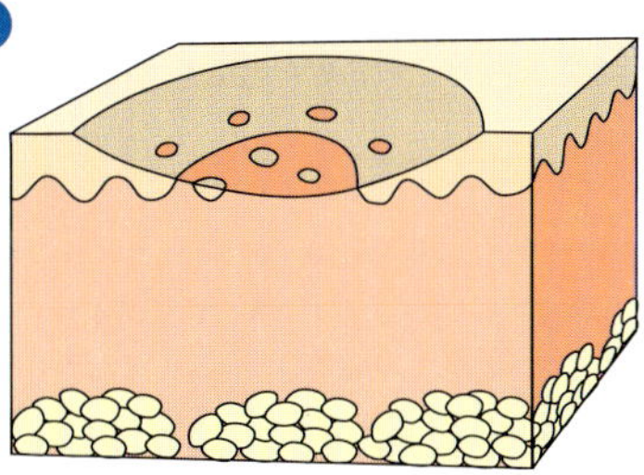
Schürfwunde

❷
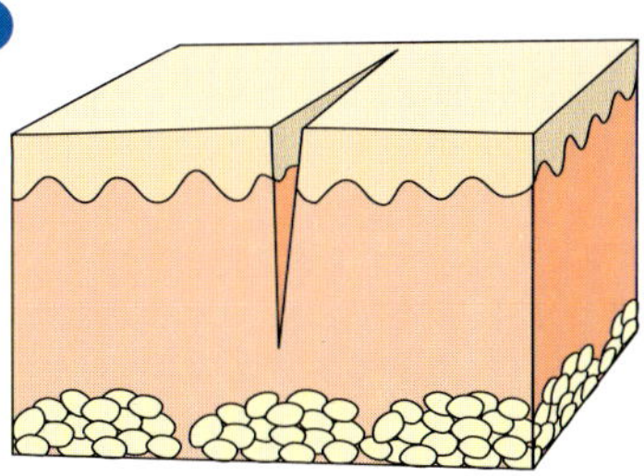
Schnitt- und Stichwunde

❸
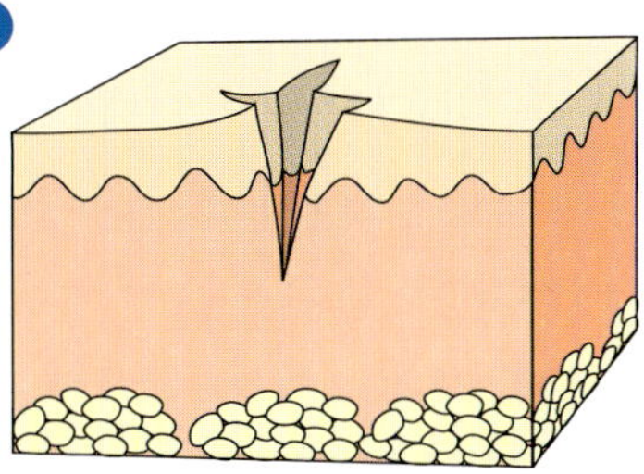
Platzwunde

❹
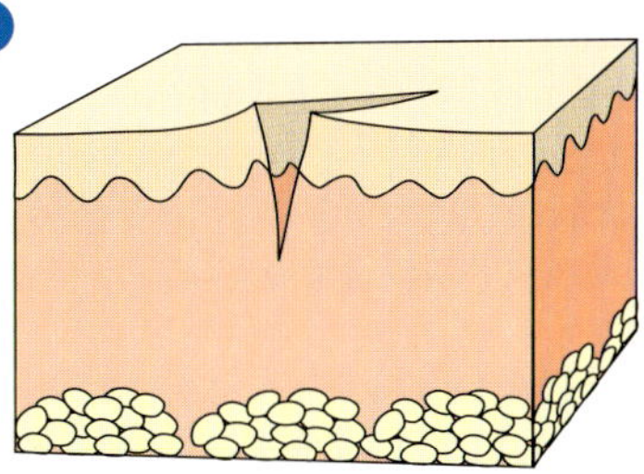
Riss- und Bisswunde

▶ **Infektion**

Die häufigsten über Wunden aufgenommenen Infektionen sind:

▷ Wundstarrkrampf (Tetanus): Der Erreger ist ein Bakterium (Clostridium tetani), das sich nur unter Luftabschluss (anaerob) vermehren kann. Dabei setzt er ein Gift frei, das schon bei geringster Menge zu Muskelkrämpfen und so über eine (spastische) Lähmung der Atemmuskulatur unbehandelt zum Tode führt. Diese Erreger befinden sich fast überall in der Natur (Erdboden etc.). Den nötigen Schutz bietet eine Impfung.

▷ Tollwut (Rabies): Tollwut ist eine Virusinfektion, die über den Speichel der betroffenen Tiere übertragen wird. Der Erreger kann über Verletzungen der Haut, aber auch über die Bindehaut der Augen aufgenommen werden. Fast alle Tierarten können infiziert werden. Neben Füchsen sind am häufigsten auch Kühe (Jungvieh auf waldnahen Weiden) betroffen. Erkrankte Tiere verhalten sich artuntypisch – Füchse und Hunde werden überaus aggressiv, Rehe extrem zutraulich. Nach Ausbruch der Erkrankung verläuft die Tollwut unweigerlich tödlich. Aus diesem Grund ist eine unverzügliche (innerhalb von 24 Stunden) passive Impfung bei Tollwutverdacht erforderlich.

▷ Gasbrand: Auch dieser Erreger (Clostridium perfringens) vermehrt sich nur unter Luftabschluss, z. B. in Wundtaschen oder -kanälen. Der Name stammt von der Gasbildung, die sich als Knistern im Unterhautfettgewebe bemerkbar macht. Weitere Symptome: Schmerzen, Temperaturanstieg, Blauschwarz-Verfärbung der betroffenen Hautregionen. Die Patienten müssen schnell in eine Klinik gelangen, in der diese Infektion u. a. durch eine Sauerstoffhochdruckbehandlung (hyperbare Therapie) bekämpft wird.

Maßnahmenpaket: Wundversorgung

▶ Verbote

1. Nicht in die Wunde fassen.
2. Wunde in der Regel nicht auswaschen.
3. Fremdkörper werden in der Regel nicht entfernt.
4. Wunde in der Regel nicht desinfizieren.

▶ Gebote

1. Betroffenen hinsetzen oder -legen lassen.
2. Eigensicherung: Einmalhandschuhe anziehen.
3. Ursachen ausschalten/mindern: Verschlimmerung der Verletzung vorbeugen.
4. In bestimmten Fällen: Wundreinigung und -desinfektion
5. Steril abdecken bzw. verbinden.
6. Überprüfen: Impfschutz

Handeln

▶ Das Maßnahmenpaket „*Wundversorgung*“

Was sollen Sie bei Wunden vermeiden?

Zu Verbot 1

Um dem Verletzten keine unnötigen Schmerzen zuzufügen und um alle genannten Wundgefahren zu vermeiden, sollte man nicht in die Wunde fassen.

Zu Verbot 2

Wunde nicht auswaschen; nur Brandwunden werden mit fließendem Wasser oder feuchten Tüchern gekühlt und Verätzungen mit viel Wasser gespült, um die Säuren oder Laugen schnell wegzuspülen oder zumindest zu verdünnen.

Zu Verbot 3

Fremdkörper werden in der Regel nicht entfernt, da z.B. kleine Teile des Fremdkörpers unbemerkt in der Wunde verbleiben könnten und weil das Herausnehmen Schmerzen, weitere Verletzungen und Blutungen verursachen kann. Die Ausnahme bilden kleine Fremdkörper wie Steinchen, Stachel, Dornen o.Ä., solange diese nicht weitersplittern und Teilchen im Gewebe zurücklassen könnten.

Zu Verbot 4

Wunde in der Regel nicht desinfizieren; dies gilt auf jeden Fall, wenn die Wunde so groß ist, dass sie vom Arzt weiterversorgt werden muss; bei Schürfwunden und anderen Bagatellwunden kann durchaus desinfiziert werden. Auf frische Wunden sollten grundsätzlich keine Wundpuder, Heilsalben oder Pflastersprays aufgetragen werden.

Möglichkeiten der Wundversorgung

Zu Gebot 1

Betroffenen hinsetzen oder -liegen lassen. Bei jeder Wundversorgung sollte der Betroffene zumindest sitzen. Zeigen sich Veränderungen wie Schwindelgefühl, Schockanzeichen o.Ä., sollte er sogar liegen.

Sie sollten vor dem Betroffenen stehen oder hocken, da sie ihn auf diese Weise ständig beobachten und Veränderungen (wie z.B. Blasswerden) sofort registrieren können. Außerdem dient der direkte Blickkontakt der psychologischen Betreuung. Informieren Sie den Betroffenen über ihre geplanten Maßnahmen.

Zu Gebot 2

Eigensicherung: Einmalhandschuhe anziehen.

Zu Gebot 3

Ursachen ausschalten/mindern bzw. Verschlimmerung der Verletzung vorbeugen:

- Fremdkörper in Wunden fixieren/polstern.
- Bei ätzenden Substanzen bzw. bei Verbrühungen: Durchtränkte Kleidungsstücke schnell entfernen und mit Wasser ausspülen bzw. kühlen.
- Bei Verbrennungen: Mit der Brandwunde verhaftete Kleidungsteile nicht entfernen.

Zu Gebot 4

In bestimmten Fällen: Wundreinigung und -desinfektion. Bagatellwunden, wie Schürfwunden oder kleine, nicht auseinander klaffende Schnittwunden, die nicht mehr vom Arzt begutachtet und versorgt werden müssen, können auch von Ihnen gereinigt und desinfiziert werden bzw. – wie der Fachmann sagt – „definitiv versorgt“ werden.

Sind Wunden und die umgebende Haut z.B. nach einem Fußballspiel großflächig und stark verschmutzt, empfiehlt sich vor der definitiven Wundversorgung eine Reinigungsdusche.

Wundreinigung

Wasserstoffsuperoxid (H_2O_2, 3 %) reinigt Wunden durch Sauerstoffabspaltung und die damit entstehende Schaumbildung, die Schmutzpartikel regelrecht aus der Wunde herausschäumt und -trägt. Das Erfreuliche an diesem Verfahren ist, dass es in der Regel völlig schmerzfrei abläuft und dass es keine Allergien auslösen kann.

Träufeln Sie genügend Wasserstoffsuperoxid in den Wundbereich oder auf eine saugfähige Kompresse und reinigen Sie damit die Wunde.

Wunddesinfektion

- Besonders bei nässenden Wunden (Schürfwunden) haben sich Jod-Polyvidon-Präparate (wie Betaisodona) bewährt, die sowohl als Salbe als auch als Tinktur lieferbar sind.
- Bei kleinen, oberflächlichen Wunden und auch bei Marschblasen empfiehlt sich Mercuchrom (das allerdings vom Arzt verschrieben werden muss). Es hat eine gerbende und damit z.B. bei den typischen punktförmigen Blutungen von Schürfwunden blutstillende Wirkung.

Hinweis

- Bei bekannten Allergien des Betroffenen sollten Sie keine Desinfektion durchführen.
- Verwenden Sie die Jod-Polyvidon-Präparate nicht zusammen mit Metallin-/Aluminium-bedampften Wundauflagen.
- Nach der Desinfektion von sehr oberflächlichen Schürfwunden empfiehlt es sich, die Wunde „an der Luft“ zu lassen. Man sollte nur einen Verband anlegen, wenn Kleidungstücke o.Ä. an den Wundbereich kommen.

Beruf und Betrieb
Familie und Haushalt

- Bisswunden: Im Speichel von Tieren und Menschen befinden sich Eiweißmoleküle, die bei einem Biss in die Wunde eindringen können. Diese werden vom Körper als Fremdmoleküle (Antigene) erkannt und bekämpft. Es kommt zu einer Abstoßungsreaktion, die der bei Organtransplantationen entspricht. Übrigens ist diese bei Menschenbissen (z.B. bei Verletzungen durch die Zähne des Gegners bei Schlägereien) besonders ausgeprägt.
- Wundkontakt mit Fleischwaren: Auch bei Wunden durch Fleischdosen oder Messer, mit denen Fleisch geschnitten wurde, können Fremdeiweiße in die Wunde gelangen und entsprechende Abstoßungsreaktionen eintreten.

Aus diesem Grund sollte in den o.g. Fällen die Wunde gründlich mit H_2O_2-Lösung gereinigt werden!

Hinweis

Das Auswaschen von Bisswunden mit Seifenlauge bietet keine Gewähr, eingetretene Viren komplett abzutöten und damit die Tollwutgefahr zu bannen. Ein wirksamer Schutz gegen Tollwut ist lediglich eine entsprechende Impfung.

Bei einem rein oberflächlichen Hautkontakt mit Speichel eines verdächtigen Tieres reicht ein gründliches Waschen der entsprechenden Hautregion mit Seife aus.

Zu Gebot 5

Steril abdecken bzw. verbinden: Jeder Verband, den man anlegt, muss aus drei Teilen bestehen:

1. Einer sterilen Wundauflage, um der Infektionsgefahr zu begegnen
2. Einer Polsterung, um Druckschmerz zu verhindern
3. Einer Befestigung, die unter schwierigen Bedingungen (z.B. „schwierige" Körperstellen, schweißnasse Haut) hält

Manche Verbandmittel, wie der Wundschnellverband oder das Verbandpäckchen, liefern Ihnen diese drei Bestandteile komplett. Bei anderen müssen Sie sich die Teile aus dem Verbandkasten zusammenstellen: z.B. Kompresse (= sterile Wundauflage + Polsterung durch die Dicke und Weichheit des Materials) + Heftpflaster (= Befestigung).

Je nach Blutungsstärke oder Wundart hat der Verband das Ziel,

- nur steril abzudecken (z.B. bei geringer Blutung, bei druckempfindlichen Wunden wie Brandwunden)
- oder durch Druck auf den Wundbereich eine Blutung zu stoppen.

Zu Gebot 6

Überprüfen: Impfschutz *(siehe S. 81ff.)*

Der richtige Verband zur rechten Zeit

Bei geringer Blutung	• *Wundschnellverband*
Bei mäßiger Blutung	• *Rahmenverband mit Kompresse und Heftpflaster* • *Verband mit Kompresse + Dreiecktuch* • *Verbandpäckchen*
Bei starker (fließender oder spritzender) Blutung	• *Hochhalten* • *Abdrücken (siehe „Bedrohliche Blutungen", S. 84ff.)* • *Druckverband (siehe „Bedrohliche Blutungen", S. 84ff.)*

Verbandtechniken

Die Pflastertricks

An Körperstellen, die stark bewegt und geknickt werden, hält ein Wundschnellverband recht schwer. Deshalb kommt der Pflastertrick zum Einsatz. Hierbei wird für den Fingerkuppenverband ein Einschnitt auf beiden Klebestreifen vorgenommen. So geht's am einfachsten: Knicken Sie den Wundschnellverband an der betreffenden Stelle. Schneiden Sie an der Knickstelle einen Zipfel aus dem Klebestreifen 1. Wenn Sie den Verband wieder aufklappen, erkennen Sie die Dreieckform des Einschnitts. Befestigen Sie nun das Pflaster zunächst auf der Unterseite 2 und zum Schluss auf der Oberseite des Fingers 3 4.

Bei einem Ellbogen- oder Knieverband werden jeweils zwei Einschnitte auf beiden Klebestreifen vorgenommen 5 6.

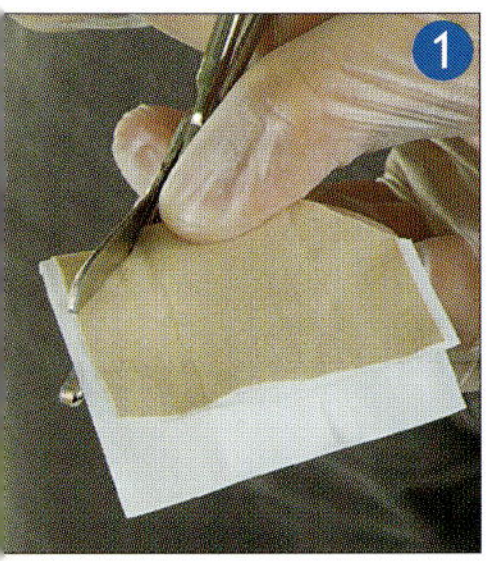

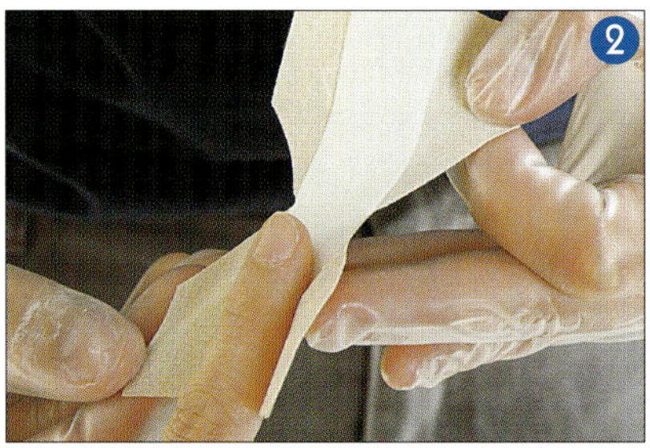

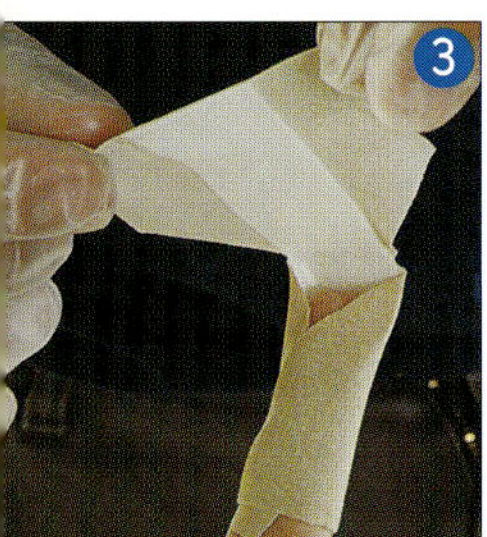

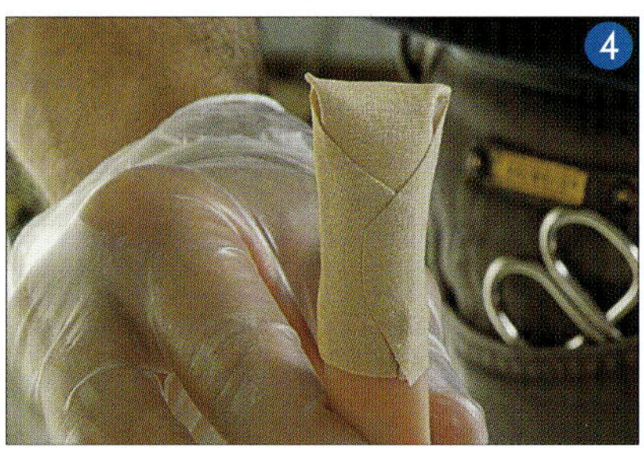

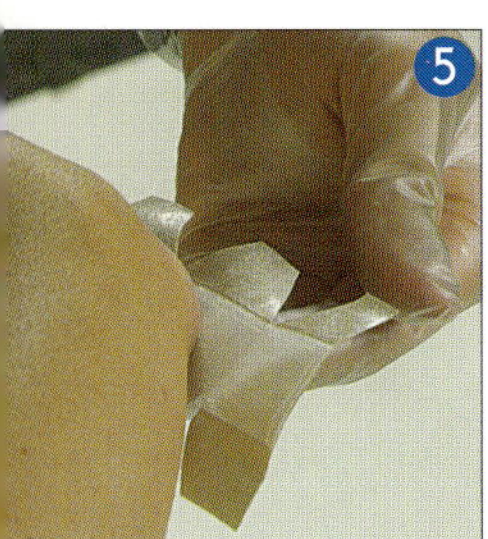

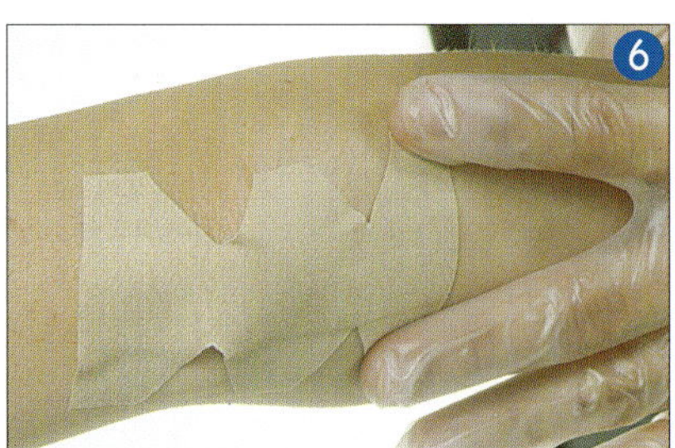

Der Pflasterverband

Sparen Sie beim Pflasterverband nicht mit Heftpflaster (4 Streifen), um die Kompresse (Zellstoffmullkompresse, z. B. 10 x 10 cm) auf der Wunde sicher zu befestigen.

Je nachdem wie stark der befestigende Zug auch in der Mitte wirken soll, kleben Sie die Streifen entweder am Rand oder weiter zur Mitte auf. (Ganz außen aufgeklebt = Rahmenverband 7; weiter nach innen aufgeklebt = Fensterverband 8)

Auch bei der Einrichtung Ihrer Hausapotheke wollen wir Sie gerne beraten *(siehe „Die Hausapotheke", S. 118; „Die Reiseapotheke" S. 119)*. Denken Sie daran, dass Sie auch Ihren Verbandkasten zu Hause wie im Auto regelmäßig kontrollieren. Die Haltbarkeit steriler Verbandstoffe läuft in der Regel nach 5 Jahren aus. Wundschnellverband und Pflaster verlieren jedoch häufig früher ihre Klebefähigkeit.

Leisten Sie sich eine metalline Rettungsdecke nicht nur für Ihren Kfz-Verbandkasten, in dem sie mittlerweile Pflicht ist, sondern auch für Ihre Reise- und Hausapotheke bzw. für Ihr Wander-Erste-Hilfe-Gepäck.

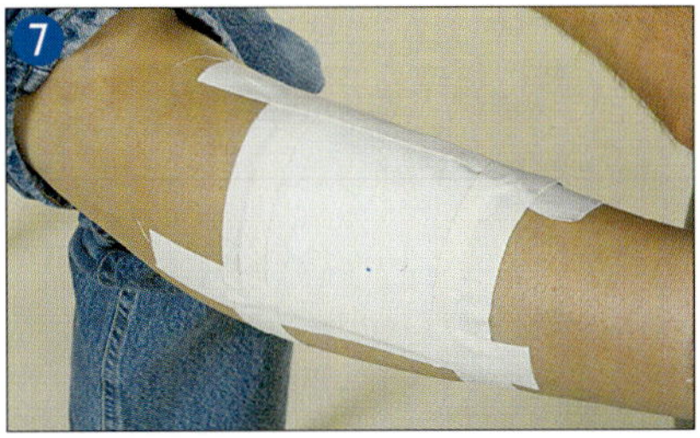

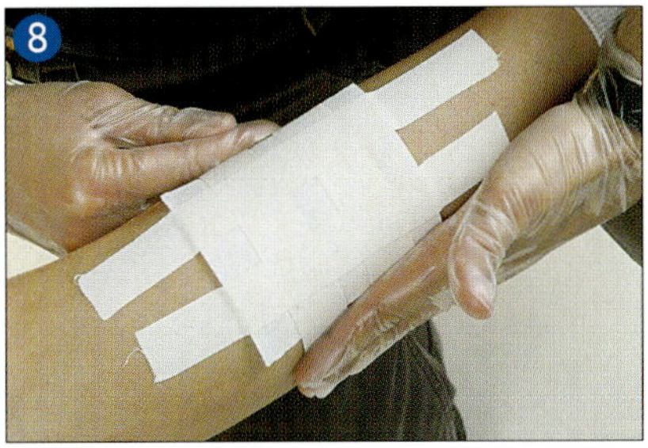

Hinweis

Gerade die Wundversorgung mit ihren Verbänden und Pflastertricks sollten Sie in einer Ausbildung erlernen und zwischendurch immer wieder einmal in Fortbildungen üben.

Impfungen

Als Vorbeugung gegen Wundinfektionen dienen Impfungen. Dabei unterscheidet man die aktive und passive Form der Impfung.

- **Aktive Impfung:** Hierbei werden dem Impfling abgeschwächte oder abgetötete Erreger zugeführt, gegen die der Körper Antikörper bildet.
  - Impfung durch Spritzen: z. B. Tetanus, Diphtherie, Cholera
  - Schluckimpfung: z. B. Kinderlähmung, Typhus
- **Passive Impfung:** Bei einer passiven Impfung werden dem Impfling Antikörper gegen den entsprechenden Erreger gespritzt. Eine entsprechende Immunantwort des Organismus bleibt aus.
- **Immungedächtnis:** Hat der Körper Kontakt mit einem Erreger bzw. wird er aktiv geimpft, erfolgt eine Immunantwort, d. h., der Körper bildet gezielt Antikörper. Danach verbleiben im Körper Zellen (Gedächtniszellen), die sich „merken", wie diese Antikörper aufgebaut sein müssen. Bei einem erneuten Kontakt mit demselben Erreger wird dieser wieder erkannt und die Gedächtniszellen beginnen unverzüglich mit der Produktion der Antikörper. So wird eine erneute Infektion mit dem gleichen Erreger verhindert. Diese Immunantwort kann einige Monate (z. B. Cholera), Jahre (z. B. Tetanus) oder lebenslang (z. B. Masern) bestehen bleiben.

Hinweis der Berufsgenossenschaft

Bei welchen Ihrer Versichertengruppen empfehlen Sie einen besonderen Impfschutz?

Grundsätzlich kann der zuständige Betriebsarzt Impfungen empfehlen, wenn bei der Arbeit eine erhöhte Infektionsgefährdung vorliegt und ein entsprechender Impfstoff verfügbar ist. Typische Arbeitsbereiche sind dort zu finden, wo

- *Menschen stationär medizinisch untersucht, behandelt oder gepflegt werden*
- *Menschen ambulant medizinisch untersucht, behandelt oder gepflegt werden*
- *Rettungs- und Krankentransporte durchgeführt werden*
- *Infektionskranke fürsorgerisch betreut werden*
- *Körpergewebe, -flüssigkeiten oder -ausscheidungen von Menschen und Tieren untersucht, Sektionen oder Arbeiten mit Krankheitserregern ausgeführt werden*
- *Infizierte Stoffe oder Gegenstände zur Desinfektion/Sterilisation vorbereitet werden*
- *Mitarbeiter, die auf der unreinen Seite von Desinfektions-/Sterilisationsanlagen oder Wäschereien von Krankenhauswäsche beschäftigt sind,*
- *Menschen in Arbeitsbereichen mit erhöhter Infektionsgefährdung nach § 18 der UVV „Gesundheitsdienst" (VBG 103/GUV 8.1) andere Tätigkeiten ausführen (z. B. Reparaturen, Reinigungs-, Transport-, Verwaltungsarbeiten)*

Eine Hepatitis-A-Prophylaxe wird grundsätzlich empfohlen bei

- *Arbeitnehmern in medizinischen Labors mit Stuhluntersuchung*
- *Krankenpflegern/Ärzten in pädiatrischen Kliniken*
- *Krankenpflegern/Ärzten auf Infektionsstationen*
- *Personen, die sich in Endemiegebieten aufhalten*

Über diese Empfehlung hinaus kann der jeweilige Betriebsarzt aufgrund besonderer betrieblicher Bedingungen die Impfung empfehlen bei

- *Beschäftigten in Kindertagesstätten, Kinderkrippen, Kindergärten und Kinderheimen*
- *Vollzugsbeamten*
- *Kanalarbeitern*

Dipl.-Ing. Joachim Berger
Hauptverband der gewerblichen Berufsgenossenschaften

Weitere Impfempfehlungen gibt:
Ständige Impfkommission (STIKO)
des Robert-Koch-Institutes
Postfach 33 00 13
14191 Berlin

Impfungen bei Tetanusgefahr

Nach einer vollständigen aktiven Impfung (Dreifach- bzw. Auffrischimpfung) besteht 5 Jahre ein Vollschutz und bis zu 10 Jahre danach ein Teilschutz.

Aus diesem Grund sollte bei jeder blutenden Verletzung überprüft werden, ob ein ausreichender Impfschutz vorhanden ist. Ist dies nicht der Fall, muss binnen 3 Tagen nach der Verletzung eine passive Impfung bzw. eine Auffrischung erfolgen.

Impfung bei Tollwutgefahr

Besteht nach einer Verletzung (auch Minimalverletzung) durch ein Tier auch nur der geringste Verdacht, dass dieses mit Tollwut infiziert war, muss der Betroffene unverzüglich einen Arzt aufsuchen, damit innerhalb von 24 Stunden die erforderliche passive Impfung durchgeführt wird. Insgesamt sind 7 Impfungen innerhalb eines halben Jahres nach einem genau einzuhaltenden Schema erforderlich.

Beruf und Betrieb

Bei Angehörigen einer Risikogruppe wie Waldarbeiter, Tierpfleger etc. empfiehlt sich eine aktive Impfung gegen Tollwut.

Vorbeugen

Zur Vermeidung von Verletzungen sind durch Unfallverhütungsvorschriften oder andere Richtlinien der Berufsgenossen-

Hinweis der Berufsgenossenschaft

Wodurch werden aus Ihrer Erfahrung am häufigsten Wunden im Bereich der Betriebe verursacht?

Die häufigste Ursache von Wunden im Betrieb sind die Anstoßunfälle, bei denen Beschäftigte mit festen Gegenständen zusammenstoßen oder an feste Gegenstände anstoßen. Dabei wird am häufigsten der Hand-Arm-Bereich verletzt. Auch das Einziehen in eine laufende Maschine oder das Erfasstwerden von einer laufenden Maschine verursachen fast genauso viele Verletzungen wie der Umgang mit den verschiedensten Handwerkzeugen (Schnitt- oder Risswunden bis hin zur Amputation).

Welche Vorbeugung empfehlen Sie?

Grundsätzlich sollen alle Maschinen und Geräte so gestaltet sein, dass von ihnen keine Gefahren für die Benutzer entstehen können. Da so etwas nicht immer möglich ist, benutzen Sie in derartigen Fällen besondere persönliche Schutzausrüstungen gegen mechanische Gefahren, insbesondere gegen Schnitt und Stich. Dazu gehören Schutzhelme, Schutzhandschuhe, Schnittschutzhandschuhe oder Schnittschutzschürzen. Bei der Arbeit mit Kettensägen empfehlen wir das Tragen von Schnittschutzhosen. Diese Hosen sind so gestaltet, dass sich bei Berührung zwischen Hose und Sägekette Fasern der Hose derart in der Kette verfangen, dass der Lauf der Sägekette angehalten wird. So lassen sich schwere Verletzungen vermeiden.

Dipl.-Ing. Joachim Berger
Hauptverband der gewerblichen Berufsgenossenschaften

schaften je nach Gefährdungspotenzial in den einzelnen Arbeitsbereichen Schutzmaßnahmen vorgeschrieben oder empfohlen.

- **Schutz-/Arbeitshandschuhe:** In der Glasindustrie z.B. können diese Handschuhe tiefe, gravierende Schnittwunden vermeiden helfen.
- **Schutzschürzen:** Im Fleischerhandwerk bieten diese Schutz vor Stich- und Schnittverletzungen am Rumpf.
- **Schutzschuhe:** Durch die Stahlkappen werden Quetschwunden durch stumpfe Gewalteinwirkung am Vorderfuß vermieden. Das derbe, widerstandsfähige Leder kann z.B. Schnittwunden verhindern. Ferner bieten die speziellen Sohlen Schutz gegen gefährliche Substanzen (z.B. Säuren). Schließlich stützt der stabile Lederschaft das obere Sprunggelenk und senkt das Risiko des Umknickens.

Wichtige Informationen über Vorbeugungs- und Sicherheitsmaßnahmen in Ihrem speziellen Arbeitsbereich finden Sie im jeweiligen Gefahrenblatt, das von der für Sie zuständigen Berufsgenossenschaft erstellt wird und in Ihrem Betrieb vorhanden ist. Für weitere Beratungen stehen Ihnen die technischen Beamten der Berufsgenossenschaft zur Verfügung.

Bedrohliche Blutungen

Verliert der Körper z.B. über eine Wunde zügig mehr als 1 Liter Blut, besteht beim Erwachsenen unbehandelt akute Lebensgefahr. Umso mehr ist hier beherztes, spontanes Handeln gefragt.

Erkennen

- Auf den ersten Blick:
  - Unfallhergang
- Offene Blutungen; dabei entweder sichtbare Verletzung mit stark spritzender oder fließender Blutung oder blutdurchtränkte Kleidung
- Verdeckte Blutungen:
  - An den Gliedmaßen: zunehmendes Anschwellen
  - Im Becken-/Bauchbereich: ggf. bretthharte Bauchdecke
- Zunehmende Schockanzeichen

Handeln

- An den **Gliedmaßen:** das Maßnahmenpaket *„Stillung von Blutungen an Gliedmaßen"*
- Am **Kopf, Hals oder Rumpf:** Sterile Kompresse auf die Blutung pressen oder einen Kopfverband anlegen.
- Schockbekämpfung (Schocklage)
- Und natürlich das **PAKET**
- Bei Blutern oder bei bekannter Gabe blutverflüssigender Medikamente (z.B. Hinweis auf Marcumar im Notfallpass) sollte man schon bei mäßigen Blutungen einen Druckverband anlegen.

Hinweis

- Denken Sie an Einmalhandschuhe zur Eigensicherung.

❒ Maßnahmenpaket: Stillung von Blutungen an Gliedmaßen

1 *Hochhalten der Gliedmaßen* ❶

- *Wenn ein zweiter Helfer greifbar ist, binden Sie diesen hierbei sofort ein.*

2 *Abdrücken auf dem dahinter liegenden Knochen*

- *Am Oberarm: an der Innenseite des Oberarms in der Muskelfurche zwischen Beuger und Strecker* ❷
- *Am Oberschenkel: in der Leistenbeuge, ungefähr in der Mitte des Oberschenkelansatzes an den Rumpf* ❸

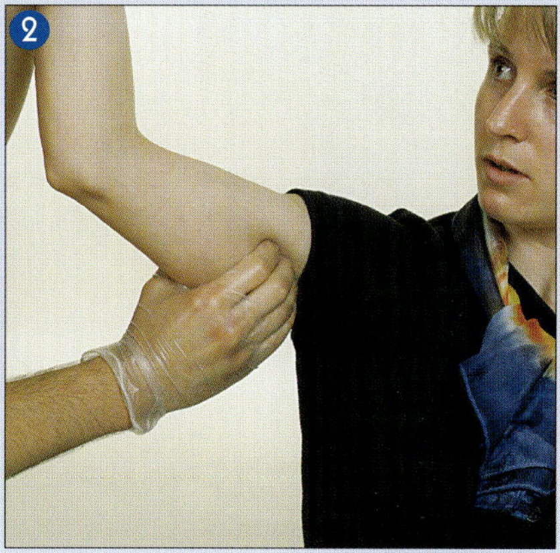

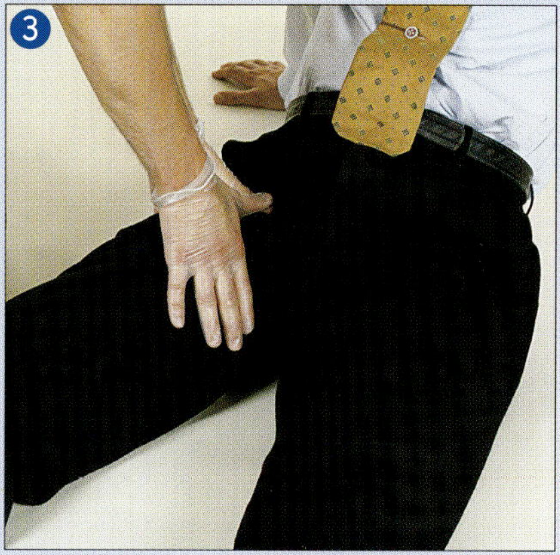

Maßnahmenpaket: Stillung von Blutungen an Gliedmaßen

3 *Druckverband*

- *Entweder aus Kompresse + flexiblem Druckpolster (z. B. Verbandpäckchen) + Dreiecktuch* (4)
- *Oder aus Verbandpäckchen + flexiblem Druckpolster*

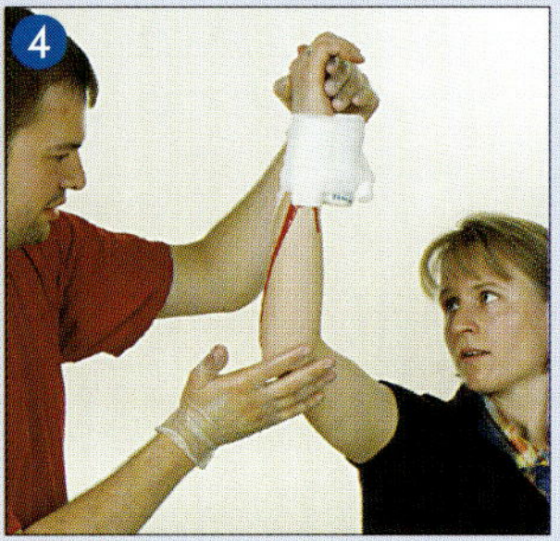

4 *Als letzte Möglichkeit bei durch den Druckverband nicht zu stillenden Blutungen: Abbinden*

- *Binden Sie jeweils im oberen Drittel der Gliedmaße mit der Dreiecktuchkrawatte oder ähnlichen Hilfsmitteln, die mindestens 5 cm breit sein sollten, ab* (5)–(7).
- *Lösen Sie die Abbindung nach dem Anlegen nicht mehr!*
- *Notieren Sie den Zeitpunkt der Abbindung.*
- *Kontrollieren Sie zwischendurch, ob die Abbindung straff/eng genug sitzt.*

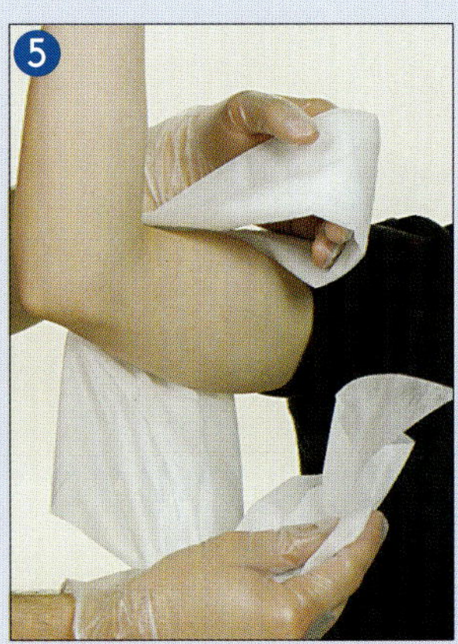

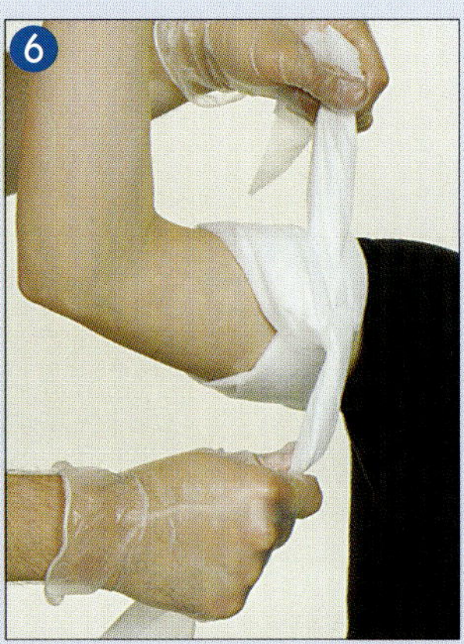

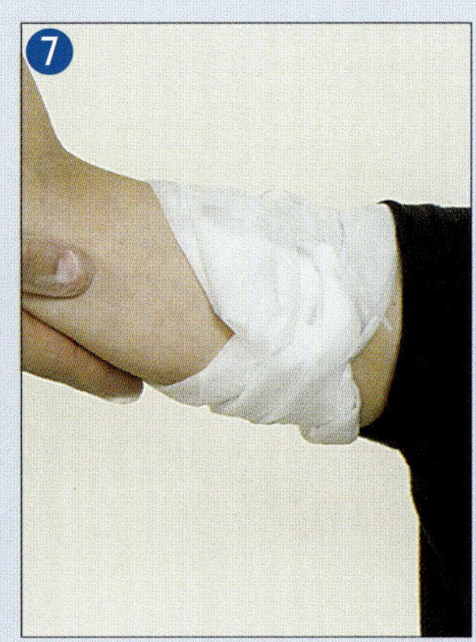

▶ Der Betroffene sollte zumindest sitzen. Bei bedrohlichen Blutungen empfiehlt sich jedoch spätestens nach dem Anlegen des Druckverbands eine liegende Haltung.

Wie lege ich einen Druckverband an?

Die schnellste Möglichkeit: mit Kompresse, Druckpolster und Dreiecktuch

▶ Die betroffene Extremität wird während des Anlegens hochgehalten bzw. -gelagert.

▶ Falten Sie das Dreiecktuch zur Krawatte. Hierzu falten Sie die Spitze des Dreiecktuchs bis kurz über die Basis (längste Seite des Tuches). Anschließend schlagen Sie zweimal die Basis einige Finger breit nach oben und wiederholen dies anschließend mit dem oberen Teil, bis eine „Krawatte" entsteht *(siehe S. 19)*.

▶ Legen Sie die Kompresse auf die Wunde. Das Druckpolster kommt auf der Kompresse über der Wunde zum Liegen. Greifen Sie das Dreiecktuch in der Mitte. Legen Sie diese auf das Druckpolster. Ziehen Sie die Dreiecktuchenden recht straff zweimal um die betroffene Extremität ❺ ❻. Der Befestigungsknoten wird über Wunde und Druckpolster gemacht ❼.

Abbinden

Das Abbinden ist nur als letzte Möglichkeit bei nicht durch einen Druckverband zu stillenden, bedrohlichen Blutungen zu nutzen. Dazu zählen folgende Situationen:

▶ Bei einem Durchnässen des Verbandes trotz Verstärkung des Druckverbandes durch ein zweites, auf das erste gelegte Druckpolster

▶ Bei einem Fremdkörper in der stark blutenden Wunde

▶ Bei einem offenen Knochenbruch mit starker Blutung

▶ Bei Amputationsverletzungen

Besonderheit Krampfaderblutung

Eine Venenschwäche führt zur Stauung des Blutes in den Beinvenen. In oberflächlichen Beinvenen führt dies zu Aussackungen, den Krampfadern, die sich auf der Hautoberfläche abzeichnen. Durch die Dehnung bei der Aussackung wird die Gefäßwand so dünn, dass schon eine leichte Gewalteinwirkung (z. B. das Stoßen am Stuhl) ausreicht, um eine oft stark fließende Blutung auszulösen. Diese Blutung ist genauso ernst zu nehmen wie eine starke arterielle Blutung.

Erkennen

▶ Typische Situation: Stoß am Tisch- oder Stuhlbein etc.

▶ Bekannte und/oder deutlich erkennbare Krampfadern im Umfeld

▶ Stark fließende Blutung aus einer prall gefüllten Krampfader

▶ Bei starkem Blutverlust: evtl. Schockanzeichen

Handeln

▶ Maßnahmen: Sie wird genauso wie andere bedrohliche Blutungen versorgt.

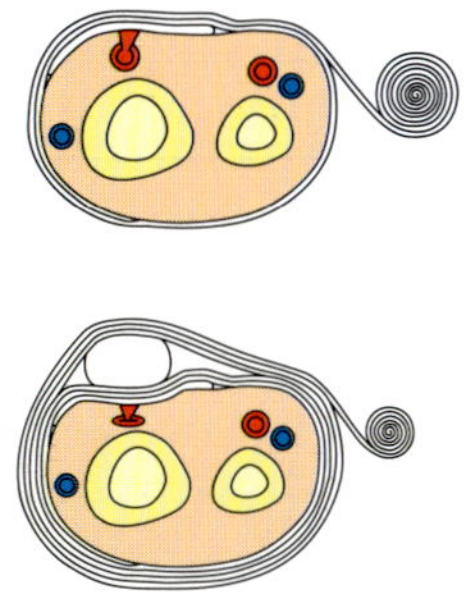

Anlegen eines Druckverbands

Blutungen aus Nase, Ohr, Mund und After

Blutung aus der Nase

- *Kühlfeuchten Lappen oder Kühlakku in den Nacken und auf die Stirn legen.*
- *Bei ausbleibendem Erfolg: Nicht betroffenes Nasenloch zuhalten, durch das andere in ein Tuch schnäuzen lassen; sind beide Nasenlöcher betroffen, entsprechend abwechseln.*
- *Nicht tamponieren!*
- *Kopf nach vorne beugen lassen, Rückfluss von Blut in den Mund-Rachen-Raum und Abschlucken in den Magen vermeiden.*
- *Bei Bewusstseinstrübung früh in die stabile Seitenlage bringen.*
- *Bei Nasenbluten ohne erkennbare Ursache Blutdruck überprüfen, da ein besonders hoher Blutdruck Auslöser sein könnte. In diesem Fall: Notruf!*

Blutung aus dem Ohr

- *Nur locker mit einer Kompresse abdecken.*
- *Nicht tamponieren, Arzt aufsuchen!*

Blutung aus dem Mund

- *Bei Blutung der Zunge, der Lippe o. Ä.: Mit einer Kompresse fassen und drücken, bis die Blutung stoppt.*
- *Kälteanwendung an Stirn und Nacken; bei Verletzung der Wange von außen kühlen.*
- *Mundraum und Umgebung nach Zahnamputaten absuchen und diese sicherstellen.*
- *Ggf. eine Kompresse in die Zahnlücke drücken und fest zubeißen lassen.*
- *Bei Unterkieferbruch: Kinnstützverband*

Blutung aus dem After

- *Sterile Kompresse vor den After legen und Betroffenen auffordern, die Pobacken über längere Zeit zusammenzukneifen.*
- *Betroffenen auffordern, den Arzt aufzusuchen, um die für die Blutung verantwortlichen Hämorrhoiden zu begutachten und eine entsprechende Therapie abzustimmen.*

Fremdkörper

In Wunden

Bei weit herausragenden Fremdkörpern:

▶ An allen Seiten des Fremdkörpers steril mit einer Kompresse abdecken.

▶ Abpolstern/Fixieren: Durch Polsterring aus dem Dreiecktuch oder mit Verbandpäckchen links und rechts neben dem Fremdkörper, die mit Heftpflaster befestigt werden

Im Auge

Es sollten nur kleine Fremdkörper entfernt werden, die unter dem Augenlid im vorderen Bereich gut sichtbar vorgefunden werden, die nicht im Augapfel stecken und die ohne große Scheuerwirkung und Verletzungsrisiko nach außen befördert werden können.

▶ Fremdkörper unter dem oberen Augenlid: Augenlid weit vorziehen und über den Wimpern des unteren Lides zurückgleiten lassen, sodass diese Fremdkörper von der Schleimhaut regelrecht „abgefegt“ werden können ❶.

▶ Fremdkörper unter dem unteren Augenlid: Mit einem nicht fusselnden Tuch Fremdkörper zur Nasenwurzel hin auswischen ❷.

▶ Spülen mit kaltem Wasser (im Nachgang der Fremdkörperentfernung) mindert die Schmerzen und lässt das unangenehme Fremdkörpergefühl im Auge schneller verschwinden.

▶ Lässt sich der Fremdkörper nicht entfernen: Legen Sie auf das betroffene Auge eine kühlende, feuchte Kompresse. Verbinden Sie beide Augen mit einem Dreiecktuch. Hierdurch wird vermieden, dass die Verletzungen und damit die Schmerzen durch Bewegung der Augen verstärkt werden. Dies erfordert selbstverständlich eine besonders einfühlsame psychische Betreuung und eine vertrauensspendende Führung des Betroffenen.

❶
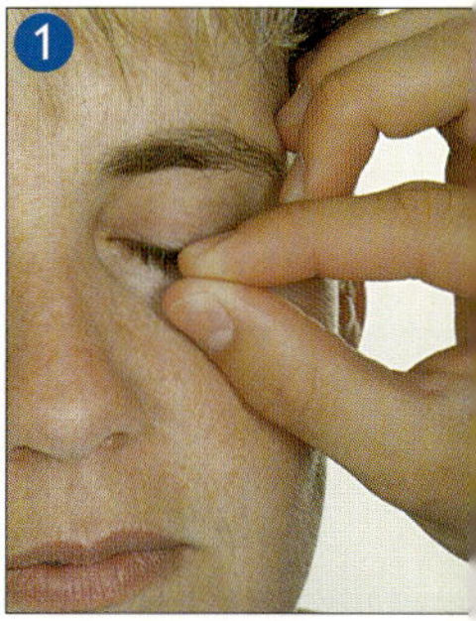

❷
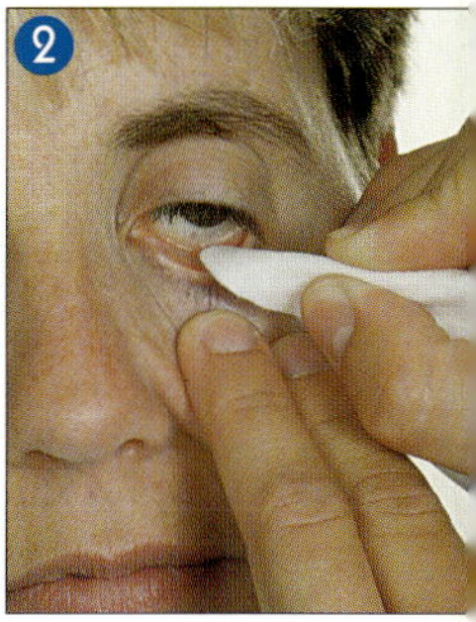

Marschblasen

Marschblasen können mit einer sterilen Kanüle oder einer sorgfältig desinfizierten Nadel angestochen werden. Anschließend muss ein Desinfektionsmittel wie Mercurochrom, das die Marschblase austrocknet/gerbt, aufgetragen werden. Auf ein Weitermarschieren sollte man nach dieser Versorgung nach Möglichkeit verzichten.

Vorbeugen

Ziehen Sie bei langen Wanderungen nie frische Strümpfe an. Beim Schwitzen werden Substanzen des Waschmittels und Weichspülers ausgelöst, die die Haut für Reibung empfindlich machen. (Nehmen Sie schon einmal getragene Strümpfe!)

Outdoor-Erste-Hilfe: Wundversorgung Marschblasen

Wie entsteht eigentlich eine Marschblase?

Marschblasen entstehen durch Druck und Reibung auf der Haut. Dabei ist feuchte Haut besonders empfindlich. Zellen in den unteren Hautschichten werden zerstört, wodurch eine Flüssigkeitsansammlung im Zwischenzellraum entsteht. Unser Ziel muss es also sein, Druck und Reibung zu verhindern sowie die Füße trocken zu halten.

Wie kann man vorbeugen?

Einige Tipps: Schuhe gut einlaufen; nicht gleich am ersten Tag eine „Gewalttour" machen; keine rutschenden Socken oder solche aus dicker Wolle, mit Nähten oder mit Löchern anziehen; auf trockene Füße achten. Natürlich lohnt sich auch das Anbringen von Schutzpflastern auf gefährdete Stellen.

Weniger bekannt sind folgende Tipps: Beim Sockenwaschen unterwegs sollte man das Waschmittel gut herauswaschen, damit es die Haut nicht aufweicht.

Wenn die Wanderschuhe unterwegs nass geworden sind, kann man sie trocknen, indem man Steine hineinlegt, die man am Feuer angewärmt hat. Damit die Socken über Nacht nicht klamm werden, nimmt man sie mit in den Schlafsack.

Wie bringt man ein Blasenschutzpflaster an?

Zuvor sollte man Benzoe-Tinktur (aus der Apotheke) auf die Haut auftragen. Benzoe ist ein Harz, das die Kleberwirkung des Schutzpflasters (z.B. Compeed) enorm steigert. Wenn man Pflasterstreifen verwendet, ist hochwertiges Sporttape besonders zu empfehlen. Es lässt sich gut reißen und ist stabiler als normales Rollenpflaster. Man muss beachten, dass es keine Falten wirft und sich keine Ecken aufrollen. Dies erreicht man durch V-förmige Einschnitte, Abrundung der Ecken und großflächiges Abtapen. Das Tape soll deutlich über die gefährdete Stelle hinausgehen und längs der Scheuerrichtung aufgeklebt werden. Besonders dicke Schaumstoffpflaster sind nicht empfehlenswert.

Was tun, wenn es trotz allem zu einer Blase gekommen ist?

Ein wichtiger Grundsatz bei allen Behandlungstechniken: SCHONEN! Um eine zügige Heilung zu erreichen, ist Ruhe und Sauberkeit die beste Medizin. Für verschieden schwere Blasen gibt es unterschiedliche Behandlungswege:

- *Bei kleinen Blasen, die sich voraussichtlich wieder zurückbilden, ergreift man die oben beschriebenen Vorsichtsmaßregeln und schützt sie durch Compeed oder Tape.*
- *Bei größeren Blasen, die aufgerissen sind oder bei weiterer Belastung von selbst aufreißen würden, ist es ein wenig komplizierter: Man sticht die Blase auf und drückt die Flüssigkeit heraus bzw. man schneidet bei aufgerissenen Blasen das tote Gewebe vorsichtig weg. Für all das sollte die Nadel bzw. Schere zuvor über dem Feuerzeug abgeflammt oder anderweitig desinfiziert werden. Einen Faden durch die Blase hindurchzuziehen ist wenig empfehlenswert, da es die Infektionsgefahr vergrößert. Nach der Entleerung der Blase bringt man ein Schutzpflaster auf. Bei extremen Belastungen kann man dieses zusätzlich mit Tape fixieren.*
- *Blasen, die bluten, entzündet sind oder eitern, müssen wie Wunden behandelt werden (Wundreinigung, ggf. -desinfektion, steriler Verband).*

Peter Oster
Outdoor-Experte der JUH

Amputation

Von Gliedmaßen

1. Versorgung des Gliedmaßenstumpfes

▶ Wundbereich steril abdecken (mit Verbandtuch).

▶ Bei einsetzender starker Blutung: wenn möglich Hochhalten, Abdrücken und Druckverband; ansonsten Abbinden

▶ Schockvorbeugung: Flach auf dem Rücken lagern.

2. Versorgung des Amputats

▶ Amputat in einen Plastikbeutel legen. Diesen zubinden und in einen zweiten, mit kühlem Wasser gefüllten Beutel stecken. Diesen wiederum verschließen.

Beruf und Betrieb

Um Verletzungen wie z.B. Amputationen zu vermeiden, dürfen an Maschinen keine Schmuckstücke wie z.B. Ringe (Gefahr der Amputation des Fingers bei Verfangen in sich bewegenden Teilen) oder Armbänder getragen werden. An Bohrmaschinen muss man im Interesse der eigenen Sicherheit auf die ansonsten nützlichen Schutzhandschuhe verzichten. Schutzschuhe können nur einen begrenzten Schutz gegen Amputation der Zehen bieten.

Wie behandelt man abgebrochene Zähne richtig?

Jede Verletzung an einem Zahn sollte umgehend einem Zahnarzt vorgestellt werden. Sofern nur eine Ecke abgeplatzt ist, wird man diese nur im Ausnahmefall wieder befestigen können. Dennoch gilt für den Umgang mit einem Stück Zahn – wie bei allen Amputaten – diese möglichst keimarm und gut gekühlt aufzubewahren. Hierzu bietet sich zum Beispiel eine gründlich durchfeuchtete Kompresse an. Ein komplett herausgeschlagener Zahn kann unter günstigen Voraussetzungen wieder eingesetzt werden und auch wieder anwachsen. Um diese Chance möglichst groß zu belassen, gelten folgende Grundregeln:

- *Den Zahn nur an seiner Krone, nicht jedoch an der Wurzel berühren.*
- *Falls er verschmutzt ist, sollten Sie ihn allenfalls unter fließendem Wasser abspülen, niemals jedoch mechanisch – z.B. mit einer Bürste – reinigen!*
- *Die ideale Aufbewahrungsmöglichkeit bietet die „Dento-SafeBox“ (Zahnrettungsbox), die Sie in jeder Apotheke erhalten. Sie enthält ein besonderes, für den herausgeschlagenen Zahn optimales Nährmedium, das somit seine Überlebenschancen erhöht.*
- *Falls diese Box nicht zur Hand ist, bewahren Sie den Zahn kühl und feucht auf, z.B. in einer Tüte, die Sie mit kaltem Wasser gefüllt haben.*
- *Niemals darf ein herausgeschlagener Zahn in Milch oder im Mund aufbewahrt werden. Hierdurch käme es zum Absterben verbliebener Zellen auf der Oberfläche der Zahnwurzel, sodass ein Anwachsen des Zahnes nicht mehr möglich wäre.*

Oliver Seligmann
Zahnarzt, Berlin

Insektenstich

Durch den Insektenstich gelangen Substanzen in die Haut des Betroffenen, die zu einer Schwellung (Quaddelbildung) führen. Die eingedrungenen Fremdsubstanzen führen zur Freisetzung von Histamin, das die Durchlässigkeit der Kapillarwände erhöht. Dadurch gelangt vermehrt Flüssigkeit aus den Blutgefäßen in das umliegende Gewebe und führt dort zu einem Ödem und zur Durchblutungssteigerung (vor allem bei Blut saugenden Insekten wie Mücke und Floh).

Handeln

- Stachel ggf. entfernen.
- Kühlen mit Eis oder Kühlkompresse.
- Ggf. Gel mit Substanzen, die die Histaminausschüttung hemmen, auftragen: z.B. Soventol oder Fenistil.

Hinweis

Bei Allergikern kann ein Insektenstich zum allergischen Schock führen *(siehe „Schock“, S. 59ff.)*.

Zeckenbiss

Im Unterholz warten Zecken, bis sie sich auf ihren Wirt fallen lassen, um sich mit Blut voll zu saugen. Für den Menschen können sie problematisch werden, weil sie in unseren Regionen Krankheiten wie die Borreliose und seltener die Frühsommerliche Meningoenzephalitis (FSME, eine Entzündung der Hirnhäute und des Gehirns) übertragen können. Während die Borreliose mit Antibiotika behandelt werden kann, können bei der FSME lediglich die Symptome durch Medikamente gelindert werden. Allerdings besteht bei der FSME die Möglichkeit der vorbeugenden Impfung. Sie empfiehlt sich bei Personen, die in gefährdeten Gebieten (Endemie-Gebiete) leben oder dort häufig Ausflüge in die Natur machen.

Zecken können durch ihren Biss Borreliose und FSME übertragen.

Erkennen

- Entdeckung des Insekts, besonders an stark behaarten Körperregionen: Vom Insekt sind lediglich der rundliche, braune Hinterleib und direkt an der Bissstelle die acht Beine zu erkennen.
- Erkennen der Borreliose: Ca. 3 Tage bis 4 Wochen nach dem Biss zeigt sich eine kreisförmige Rötung um die Bissstelle, die später wandert.
- Erkennen der FSME: Ca. 2 bis 14 Tage nach dem Biss beginnt eine erste Erkrankungsphase mit grippeähnlichen Symptomen. Bei zwei Drittel aller Erkrankten ist danach die Krankheit ausgestanden, bei den übrigen folgt die Entzündung der Hirnhäute und des Gehirns mit Ausfallschäden (Lähmungen).

Handeln

- Die Zecke gegen den Uhrzeigersinn herausdrehen, ggf. durch den Arzt vornehmen lassen.
- Kontrollieren Sie, ob die Zecke nach dem Entfernen „komplett" ist und der Kopf nicht in der Wunde verblieben ist.
- Ertränken Sie die Zecke nicht mit Öl o.Ä., da die Zecke im Absterben Mageninhalt mit Krankheitserregern in das Blut abgibt.
- Beobachten Sie in den nächsten Tagen die Bissstelle und das Gesamtbefinden des Betroffenen.
- Bei fehlendem Impfschutz sollte der Arzt nach dem Zeckenbiss in einem gefährdeten Gebiet eine passive Impfung gegen FSME durchführen. Dies muss binnen drei Tagen nach dem Biss geschehen.

Freizeit, Reise und Sport

Lassen Sie sich bei Reisen in gefährdete Gebiete impfen. Erkundigen Sie sich bei Ihrem Arzt, der über eine aktuelle Übersicht der Endemie-Gebiete verfügt.

Beruf und Betrieb

Angehörige von Risikogruppen (z.B. Waldarbeiter), die in gefährdeten Gebieten arbeiten, sollten sich impfen lassen.

Schlangenbiss

In Deutschland begegnen wir wie z.B. in thüringischen Tälern oder der Lüneburger Heide lediglich einer Giftschlange: der Kreuzotter.

Handeln

- Maßnahme der Wahl ist die Stauung: Hierdurch stoppen Sie den venösen Rückstrom und damit die Ausbreitung des Giftes im Körper („Rein, aber nicht raus!"). Dazu schlingen Sie z.B. eine Dreiecktuchkrawatte so eng um den Oberarm oder den Oberschenkel, dass noch gerade die arterielle Versorgung der Gliedmaße gegeben ist (Kontrolle an den Pulsmessstellen), andererseits u.a. weit vortretende Venen das Unterbinden des venösen Rückstroms anzeigen.
- Maßnahmen, um den Kreislauf des Betroffenen zu verlangsamen: Betroffenen hinlegen! Unterbinden Sie jegliche körperliche Belastung des Betroffenen! Beruhigen Sie den Betroffenen!
- Und natürlich das **PAKET**

Hinweis

Saugen Sie – allen Action- und Westernfilmen zum Trotz – die Bisswunde nicht aus. Sie haben immer kleinste Verletzungen der Mundschleimhaut oder des Zahnfleisches, über die das Gift in Ihre Blutbahn eintreten kann.

Rund um Knochen und Gelenke

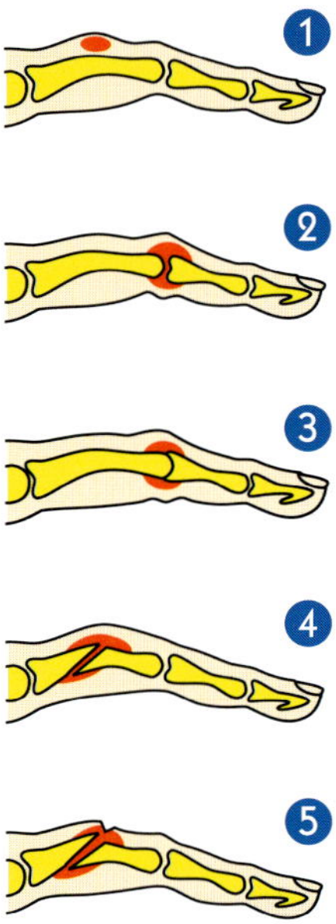

Aufbau und Funktion des Stütz- und Bewegungsapparates

Bestehend aus dem Knochengerüst und der Skelettmuskulatur bestimmt der Stütz- und Bewegungsapparat Größe und Gestalt des menschlichen Körpers. Gleichzeitig werden durch ihn Organe geschützt.

Knochen, Bänder und die gelenkartigen Verbindungen der Knochen bilden den Stützapparat, die Skelettmuskulatur den Bewegungsapparat. Hauptbestandteile des Knochengerüstes (Skelett) sind der Schädel, die Wirbelsäule, der Schultergürtel, die oberen und die unteren Gliedmaßen, der Brustkorb sowie das Becken.

Die Grafik gibt Ihnen einen Überblick über die möglichen Verletzungsarten: Prellung ❶, Verstauchung ❷, Verrenkung ❸, geschlossener ❹ und offener Knochenbruch ❺.

Bei Verletzungen des Stütz- und Bewegungsapparates kann es begleitend zu Verletzungen von Blutgefäßen kommen. Durch das Kühlen können Sie eine weitere Einblutung stoppen oder vermindern. Auch können Sie durch das Kühlen eine Schmerzlinderung erreichen.

Durch die Ruhigstellung sollen weitere Bewegungen der Verletzungsstelle und damit zusätzliche Verletzungen verhindert und Schmerzen gelindert werden.

Übersicht: Erkennen von Verletzungen des Stütz- und Bewegungsapparates

Welche Störungen des Stütz- und Bewegungsapparates können uns als Notfälle begegnen?

Die meisten Verletzungen des Stütz- und Bewegungsapparates entstehen durch äußere Gewalteinwirkung wie z.B. einen Stoß oder Schlag.

Neben der Ganzkörperuntersuchung (Bodycheck) gibt Ihnen der Unfallhergang wichtige Hinweise auf mögliche Verletzungen des Stütz- und Bewegungsapparates. Befragen Sie deshalb den Betroffenen und eventuell vorhandene Augenzeugen genau.

Allgemeine Erkennungszeichen zusätzlich zur Unfallsituation

- ▶ Schmerzen
- ▶ Schwellung
- ▶ Bluterguss
- ▶ Ggf. Bewegungseinschränkung oder -verlust
- ▶ Ggf. Schonhaltung

Weitere Hinweise können Sie durch Begleitverletzungen (Wunden, Verletzungen von Blutgefäßen, Nerven, Organen) erhalten.

Maßnahmenpaket: Verletzungen des Stütz- und Bewegungsapparates

1	*Kühlen*	*Eine Kühlung (Abb. S. 96) können Sie mit folgenden Methoden durchführen:* • *Kühlkompressen (Hot- and Coldpack)* • *Sofortkompressen* • *Eis in einer Plastiktüte* *Beachten Sie, dass die Kühlung nie direkt, sondern immer durch ein Tuch oder Verband hindurch erfolgen sollte.*
2	*Ruhigstellen*	*Beachten Sie dabei folgende Grundregeln:* • *Die Ruhigstellung (siehe S. 98) muss mindestens die beiden benachbarten Gelenke des verletzten Bereichs einschließen. Nur so kann eine sichere Fixierung gewährleistet werden.* • *Um weitere Schmerzen zu verhindern, darf durch die Ruhigstellung kein Druck oder Zug auf den verletzten Bereich ausgeübt werden.* • *Fehlstellungen dürfen nicht verändert werden. Hierdurch könnten weitere Verletzungen und Schmerzen verursacht werden. Die Verletzung muss ggf. entsprechend abgepolstert werden.* • *Schonhaltungen, die der Verletzte spontan eingenommen hat, sollten nach Möglichkeit beibehalten werden.*
3	*Versorgen der Begleitverletzungen*	• *Z. B. das Maßnahmenpaket „Wundversorgung“*
4	*Das* **PAKET**	

Prellung und Verstauchung

Bei der Prellung sind lediglich die Weichteile betroffen. Es kommt zu Verletzungen von Blutgefäßen und damit zu einer Einblutung im Bereich der Gewalteinwirkung.

Bei einer Verstauchung wird ein Gelenk vorübergehend über die normale Beweglichkeit hinaus überdehnt. Neben den Leitsymptomen Schmerz und Schwellung kommt es zu einer schmerzhaften Bewegungseinschränkung.

Handeln

- Das **PAKET**
- Unser Maßnahmenpaket *„Verletzungen des Stütz- und Bewegungsapparates"*

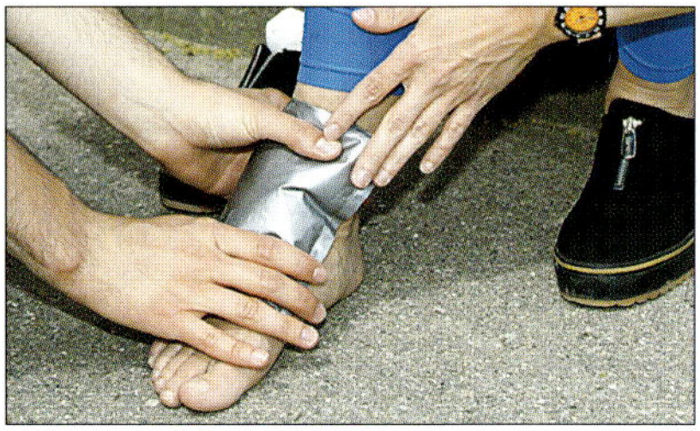

Kühlen

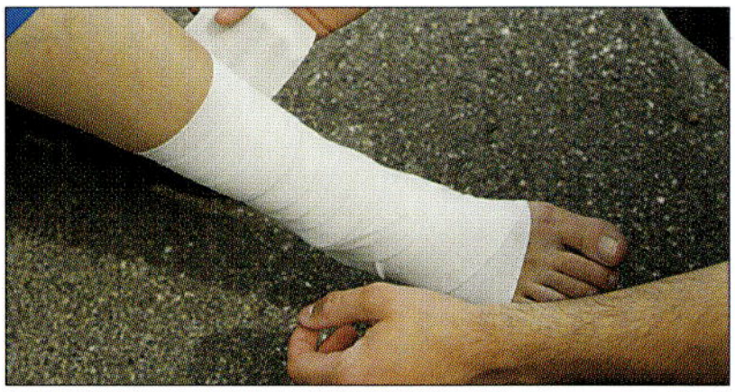

Ruhigstellung durch Kompressionsverband

Verrenkung

Bei extremen Scherbewegungen oder Zug kann ein Knochenkopf aus der Gelenkpfanne springen. Durch den Zug der mit den Sehnen ansetzenden Muskeln kann er nicht wieder spontan in die Gelenkpfanne zurückgleiten. Er verbleibt in Fehlstellung, was zu einer massiven Bewegungseinschränkung und starken Schmerzen führt.

Erkennen

Zusätzlich zu den Erkennungszeichen, wie sie bei allen Verletzungen des Stütz- und Bewegungsapparates *(siehe S. 94)* auftreten, können folgende sichere Erkennungszeichen bei Verrenkungen festgestellt werden:

- Fehlstellungen im Gelenkbereich (abnorme Lage)
- Verlust der normalen Beweglichkeit

Handeln

- Das **PAKET**
- Unser Maßnahmenpaket *„Verletzungen des Stütz- und Bewegungsapparates"*

Hinweis des Bergrettungsdienstes

Typische Verletzungen, welche Einsätze des Bergrettungsdienstes im Mittelgebirge auslösen können, sind Knöchelverstauchungen und -brüche.

Versuchen Sie in einem solchen Fall den Schuh des betroffenen Fußes auszuziehen. Erfahrungsgemäß wird eine Schwellung auftreten und das spätere Entfernen ist eventuell nur noch durch Aufschneiden des Schuhes möglich. Durch das Ausziehen findet eine Druckentlastung statt, die Schmerzen verringern sich dadurch. Sollte das Entfernen jedoch mit sehr starken Schmerzen verbunden sein, so lassen Sie dies. Wichtig ist, dass die verletzte Person Ruhe findet und sich hinsetzt. Eine Kühlung (Bach, Mineralwasser) der verletzten Stelle hilft die Schwellung zu verringern.

Diese Verletzung kommt immer wieder vor. Spaziergänger gehen oftmals mit unangepasstem Schuhwerk in den Wald oder auf Schotterwegen und knicken um.

Der sonntägliche Verdauungsspaziergang mit den Sonntagsschuhen ist hier meistens schuld daran. Daher sollten Wechselschuhe mitgenommen werden. Es müssen keine Super-Bergsteigerschuhe sein. Es gibt im Handel schon für wenig Geld feste Halbschuhe bzw. Turnschuhe mit Knöchelschutz und fester Sohle.

Aber nicht nur Spaziergängern passiert solch eine Verletzung. Es passiert auch oftmals versierten Wanderern mit Wanderschuhen, wenn Sie abseits des Weges an einer schlecht begehbaren Stelle nach Blumen suchen oder etwa eine Abkürzung nehmen wollen.

Das richtige Laufen gehört natürlich auch dazu. Der Fuß sucht sich vor der Gewichtsverlagerung eine trittsichere Stelle. Er setzt immer in seiner gesamten Fläche auf geradem Grund auf. Vorsicht bei Baumwurzeln oder Steinen! Den Fuß immer davor oder danach komplett aufsetzen. Aufsetzen im Mittelfußbereich kann Muskelfaserrisse nach sich ziehen oder seitliches Abrutschen kann das o. g. Verletzungsbild erzeugen.

Wandervereine, aber auch Bergrettungsdienste beraten Sie gerne über Ausrüstung und Bekleidung, aber auch über gebietstypische Wetterlagen und Gefahrenquellen. Dort erhalten Sie auch interessante Tipps und Tricks für längere Wandertouren.

Vor einer längeren Tour sollte der Körper auch auf die zu erwartenden Strapazen vorbereitet werden. Viele Kurzentschlossene muten sich und Ihrem Körper außergewöhnliche Kraftanstrengungen zu. Dies kann schon bei einer Wanderung über 15 km der Fall sein.

Daher ist es ratsam, den Körper mit etwas Schwimmen, Gymnastik oder anderen sportlichen Tätigkeiten für die nächste (Berg-)Wandertour fit zu halten.

Günter Friedrich
JUH-Bergrettung, Erfurt

Knochenbrüche

Durch Gewalteinwirkung (z.B. Schlag, Stauchung) kann es zu Knochenbrüchen kommen. Befindet sich im Bereich des Knochenbruchs eine Wunde, so gilt dieser als offener Knochenbruch. In diesem Fall besteht eine besonders große Infektionsgefahr. Der offene Knochenbruch ist daher frühzeitig steril abzudecken. Informieren Sie den Rettungsdienst über den Verdacht des offenen Knochenbruchs.

Erkennen

Neben den bereits genannten Erkennungszeichen, wie sie bei allen Verletzungen des Stütz- und Bewegungsapparates festgestellt werden können *(siehe S. 94)*, können folgende sichere Erkennungszeichen auftreten:

- Abnorme Lage (Fehlstellung)
- Abnorme Beweglichkeit (an gelenkfreien Abschnitten)
- Sichtbare Knochenenden

Handeln

- Das **PAKET**
- Unser Maßnahmenpaket *„Verletzungen des Stütz- und Bewegungsapparates"*
- Bei offenen Knochenbrüchen: frühzeitige sterile Abdeckung

Ruhigstellung von Knochenbrüchen

- Bei Verletzungen des Unterschenkels oder Fußes: Ruhigstellung mit einer zusammengerollten Decke ❶.
- Bei Verletzungen des Unterarms: Ruhigstellung mithilfe des Dreiecktuchs:
  - ▷ Der Helfer schiebt das Dreiecktuch unter den verletzten Arm, den er von unten hält ❷ ❸.
  - ▷ Die langen Enden des Dreiecktuchs werden um den Hals des Betroffenen gelegt ❹ und seitlich so verknotet, dass das Dreieckstuch den verletzten Arm trägt ❺.

❶

❷

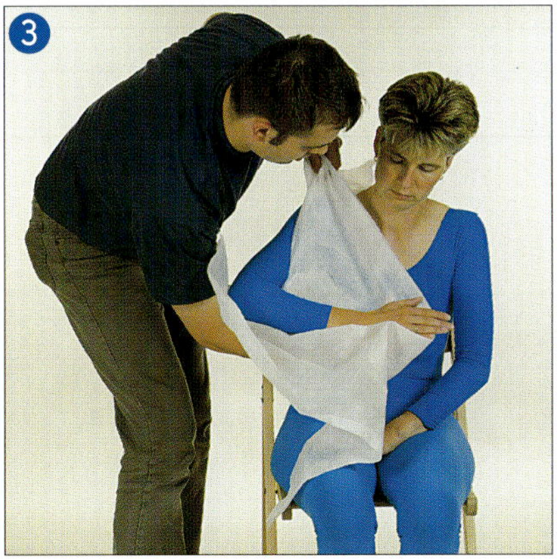

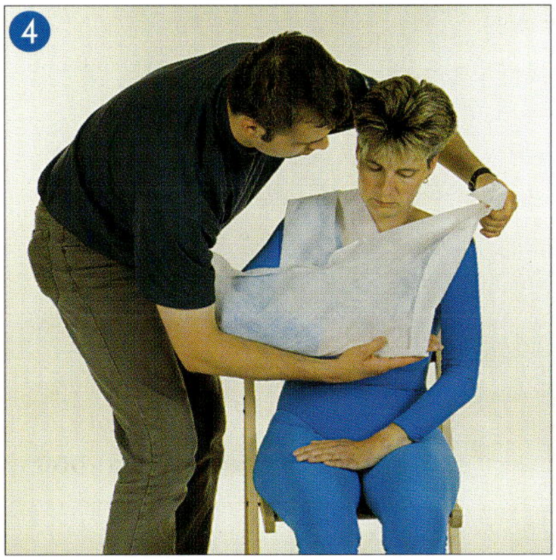

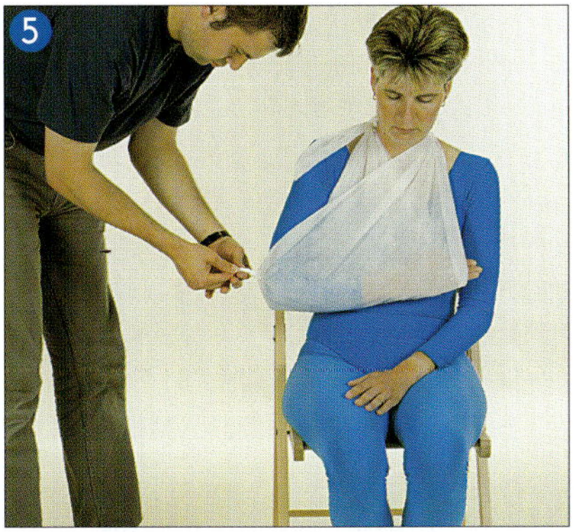

Hinweis der Berufsgenossenschaft

Wodurch werden aus Ihrer Erfahrung am häufigsten Knochen- und Gelenkverletzungen im Bereich der Betriebe verursacht?

Stolpern, Ausrutschen und Hinfallen beim normalen Gehen auf den Verkehrswegen im Betrieb bilden gemeinsam mit den Absturzunfällen die häufigsten Unfallursachen für Knochen- und Gelenkverletzungen. Dabei ist beim normalen Hinfallen am häufigsten der Bereich Unterarm und Hand betroffen, während beim Absturz am häufigsten Verletzungen des Hals-Wirbelsäulen-Bereiches, Schulter-Oberarm-Bereiches sowie Knöchel-Fuß-Bereiches zu verzeichnen sind. Rutschige, unebene Fußböden mit Stolperstellen in Form von herumliegendem Material oder hervorstehenden Kanten sind dabei häufige Ursache für schwere Unfälle.

Welche Vorbeugung empfehlen Sie?

In den Vorschriften und Regeln der Berufsgenossenschaften sind Hinweise auf eine rutschhemmende Gestaltung von Fußböden und Verkehrswegen enthalten. Doch alle baulichen Maßnahmen müssen von Ordnung und Sauberkeit im Betrieb begleitet sein. Zurzeit nicht benutztes Werkzeug oder Material darf nicht zur Stolperfalle auf dem Boden werden. Schlingen oder Schlaufen von Kabeln, Leitungen o. Ä. werden unweigerlich zu Fallstricken und sind deshalb immer zu vermeiden oder zumindest stolpersicher und deutlich markiert abzudecken.

Dipl.-Ing. Joachim Berger
Hauptverband der gewerblichen Berufsgenossenschaften

Inlineskating

Inlineskating entwickelt sich immer mehr zum Breitensport. Gerade Kinder und Jugendliche finden den Sport faszinierend. K2 setzt sich besonders dafür ein, die Fahrsicherheit zu erhöhen und das Verletzungsrisiko zu minimieren. Deshalb haben K2 und das hessische Kultusministerium vor zwei Jahren die Initiative „Safer Skating" ins Leben gerufen.

Die Gefahren und die daraus resultierenden Verletzungen beim Inlineskating stellen die Ausübung dieser Sportart zur Diskussion. Je besser die Sportart aber beherrscht wird, desto geringer ist das Verletzungsrisiko und desto deutlicher werden gesundheitsfördernde Aspekte. Um Gefahren besser einschätzen und richtig reagieren zu können, braucht man vor allem eine gute, fundierte Technik.

Die Gefahr, sich beim Inlineskaten einen Knochenbruch oder gar Schlimmeres einzuhandeln, ist leider hoch. Fest steht: Die Unfallkosten werden mit der Zahl der Skater weiter ansteigen, wenn den Ursachen nicht gezielt entgegengewirkt wird.

Wie vermeidet man Verletzungen beim Inlineskaten?

Es ist sinnvoll, zu Beginn einen Inlineskating-Kurs zu besuchen. Auch Stürzen will gelernt sein. Vor dem sportlichen Inlineskating sollte man den Körper mit leichten Aufwärm- und Gymnastikübungen auf die Belastung vorbereiten, um das Risiko von Verletzungen zu mindern. Damit wird der Körper auch in eine höhere Reaktionsbereitschaft versetzt und man kann besser mit unvorhergesehenen Situationen umgehen.

Mit einer guten Sturztechnik, bei der die Fallbewegung von oben nach unten in eine Gleit- oder Rutschbewegung nach vorne umwandelt, kann man Verletzungen vermeiden.

Das Risiko typischer Verletzungen beim Inlineskating lässt sich durch das Tragen einer Schutzausrüstung (besteht aus speziellen Hand-, Ellenbogen-, Knieschützern und einem Helm) minimieren. Die Skates sollten einen stabilen Stand gewährleisten, bei dem Fuß und Fußgelenk gut geschützt werden und einen festen Halt haben.

Wie sieht ein Sicherheitstraining aus?

Wesentlich für ein gesundes Inlineskating ist das Beherrschen der verschiedenen Bremstechniken (Einsatz der Stopper, T-Stopp, Notbremsen) und Fahrtechniken.

Unsere Projekte „Safer Skating" und „Skate College" vermitteln Ihnen die richtige Fahrweise auf Inlineskates, Fallübungen, Grundstellung, Bremsen, Kurvenfahren, aktives Gleiten, Übersetzen vorwärts und rückwärts, Rückwärtsfahren und Basics über Schutzbekleidung.

Doreen Munkwitz
K2 Ski-Sport- und Mode-GmbH, Haßloch

Muskelverletzungen

Durch plötzliche Anspannung oder plötzlichen Zug auf einen Muskel, z.B. bei Sport, ohne dass die Muskulatur aufgewärmt wurde, kann es zu Muskelzerrungen kommen. Es treten schlagartige, heftige Schmerzen im betroffenen Muskel auf.

Unter Umständen ist eine Lücke in der Muskulatur zu tasten. Ein vollständiger Riss führt zu einem Funktionsverlust des Muskels.

Handeln

- Das **PAKET**
- Unser Maßnahmenpaket *„Verletzungen des Stütz- und Bewegungsapparates“*

Brustkorbverletzungen

Durch Gewalteinwirkung verursachte Schädigungen des Brustkorbs können zur Gefährdung lebenswichtiger Funktionen, besonders der Atmung, führen.

Erkennen

- *Siehe „Übersicht: Erkennen von Verletzungen des Stütz- und Bewegungsapparates“, S. 94*
- Prellmarken und/oder Blutergüsse am Brustkorb
- Schmerzen beim Atmen und Atemnot
- Bei offenen Brustkorbverletzungen:
  - Wunde am Brustkorb
  - Ggf. sichtbarer Rippenbruch
  - Ggf. Abhusten hellen, schaumigen Blutes (bei Verletzungen der Lunge)
  - Ggf. unnatürliche Atemgeräusche
- Bei Rippenserienbruch:
  - Verformung des Brustkorbs
  - Seitenverschiedene Brustkorbbewegungen

Achtung!

Verschließen Sie Wunden im Bereich des Brustkorbs nicht luftdicht! Bei einer Mitverletzung der Lunge kann es durch eine zunehmende Luftansammlung im Spalt zwischen Lunge und Brustkorb zu einer raschen Verschlechterung des Zustandes des Verletzten mit akuter Lebensgefährdung kommen.

Handeln

- Das **PAKET**
- Unser Maßnahmenpaket *„Verletzungen des Stütz- und Bewegungsapparates“*
- Ggf. Wundversorgung
- Bei Ansprechbaren: das Maßnahmenpaket *„Wie bei allen Problemen in der Brust“*
- Bei Bewusstlosen: das Maßnahmenpaket *„Wie bei jedem Bewusstlosen“*

Wirbelsäulenverletzungen

Gewalteinwirkungen auf die Wirbelsäule beinhalten die Gefahr der Schädigung des Rückenmarks. Dadurch kann es außer zu den bekannten Folgen einer Verletzung des Stütz- und Bewegungsapparates auch zu Einschränkungen oder zum Ausfall der Bewegungsfähigkeit, des Gefühls und anderer Aufgaben des Nervensystems kommen. Eine besondere Gefahr stellt hier die Querschnittslähmung dar. Bei Schädigung der Halswirbelsäule besteht zusätzlich die Gefahr der Atemstörung.

Erkennen

- *Siehe „Übersicht: Erkennen von Verletzungen des Stütz- und Bewegungsapparates", S. 94*
- Ggf. Schmerz, Prellmarke und Schwellung im Rücken
- Ggf. Gefühlsstörung und/oder Lähmungen in den Armen und Beinen
- Ggf. Störungen der Vitalfunktionen

Achtung!

Bereits beim diagnostischen Block die Gefahr der Verletzung des Rückenmarks beachten.

Handeln

- Das **PAKET**
- Unser Maßnahmenpaket *„Verletzungen des Stütz- und Bewegungsapparates"*
- Bei ansprechbaren Betroffenen zusätzlich: Beibehalten der Lagerung, Vermeidung unnötiger Bewegung
- Bei bewusstlosen Betroffenen zusätzlich: das Maßnahmenpaket *„Wie bei jedem Bewusstlosen"*
- Ggf. Versorgung von Begleitverletzungen

Helmabnahme bei Motorradfahrern

Bei einem bewusstlosen Motorradfahrer ist das Abnehmen seines Motorradhelms unbedingt notwendig. Nur so kann eine sachgerechte Diagnostik, Lagerung und ggf. Atemspende durchgeführt werden.

Um einer weiteren Verschlimmerung einer möglichen Halswirbelverletzung vorzubeugen, sollte die Helmabnahme von zwei Helfern durchgeführt werden:

- Helfer A kniet oberhalb des Kopfes des Betroffenen, umfasst von oben mit beiden Händen Helm und Unterkiefer des Verunglückten und sorgt damit für die Überstreckung des Kopfes.
- Helfer B kniet seitlich am Kopf des Verunglückten und klappt das Visier hoch. Wenn vorhanden, entfernt er Brille und Kinnschal.
- Helfer B löst dann den Kinnriemen.
- Helfer A hält kontinuierlich den Zug am Kopf.
- Helfer B stützt dann mit zwei gestreckten Händen vom Rumpf des Verunglückten herkommend den Hals in Längsachse ab, indem er seine Finger im Nackenbereich an den Hinterkopf und

die Daumen gegen den Unterkiefer legt ❶. Nach Einnahme dieser Position hält Helfer B die Streckung aufrecht und verhindert, dass der Kopf unter der Helmabnahme nach hinten fällt.

▶ Helfer A weitet nach Möglichkeit den Helm seitlich und zieht diesen unter Berücksichtigung der Nase des Verunglückten zu sich hin ab ❷. Er kippt dabei den Helm vorsichtig nach hinten, bis die Nase des Verunglückten am Helmunterrand sichtbar wird.

▶ Helfer A umfasst nach Abnahme des Helms den Kopf so, dass seine Hände fest über den Ohren liegen und seine Finger den Kieferwinkel zum gleichmäßigen Hochziehen des Unterkiefers umgreifen ❸.

▶ Helfer B führt die Kontrolle der Vitalfunktionen durch. Bei vorhandener Atem- und Kreislauffunktion wird der verletzte Motorradfahrer in die stabile Seitenlage gebracht. Helfer A behält dabei die Streckung bei und achtet darauf, dass der Kopf bei der Drehung des Betroffenen vorsichtig mitgeführt wird.

▶ Alternativ kann der Kopf des Betroffenen bei der Helmabnahme auch seitlich festgehalten werden ❹ ❺.

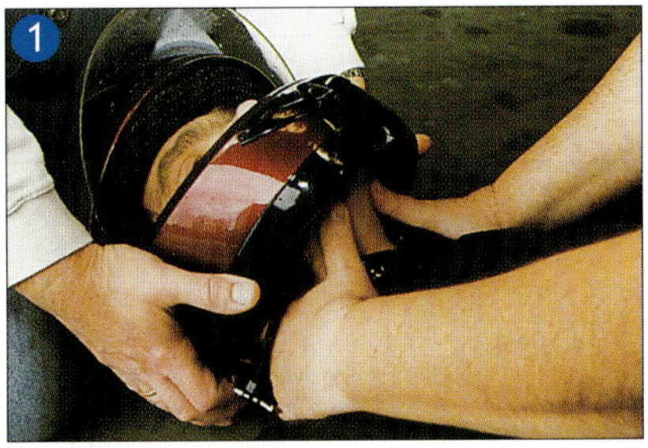

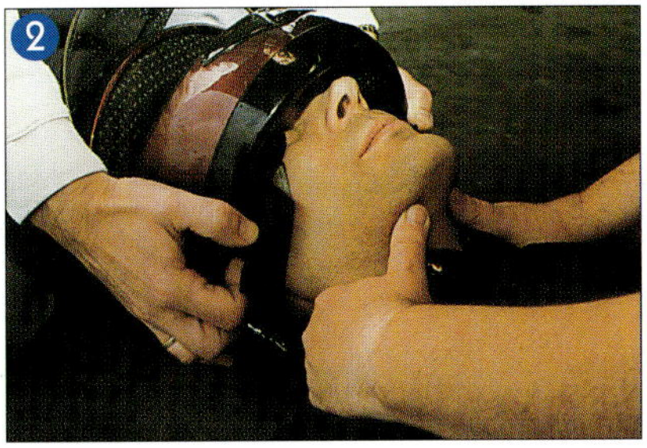

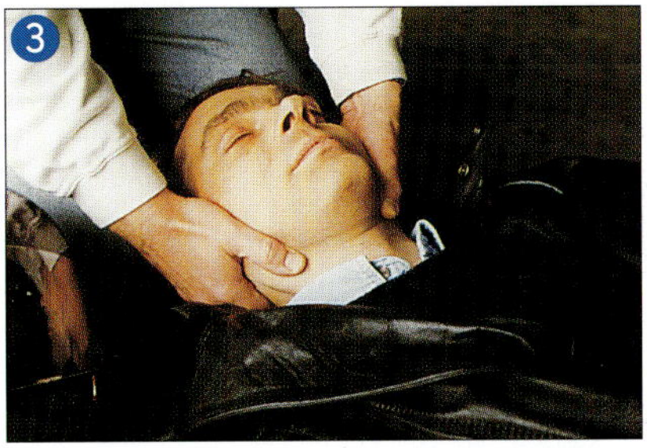

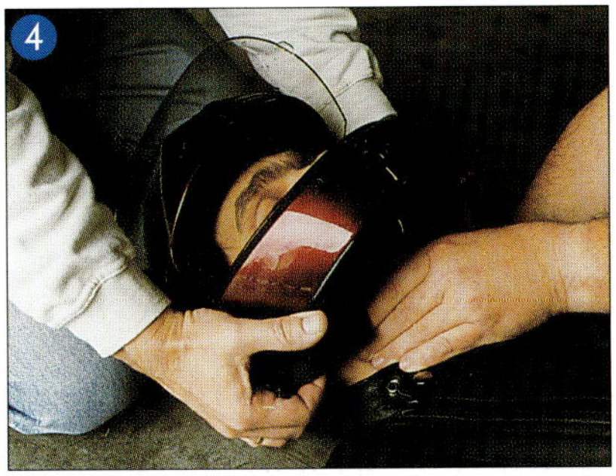

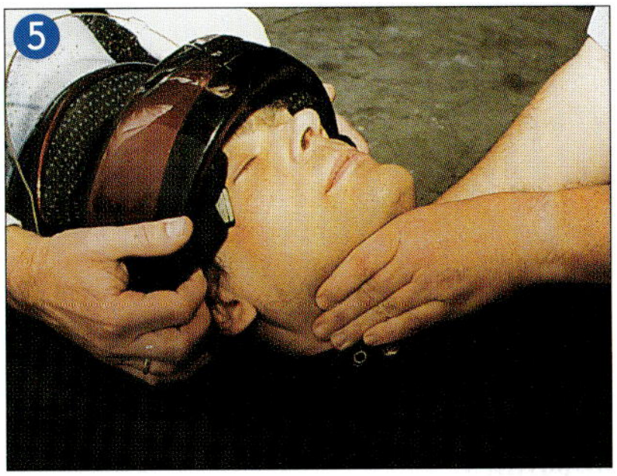

Hinweis des Bundesverbandes der Motorradfahrer e. V.

Welche Verletzungen treten bei Motorradunfällen am häufigsten auf? Wie kann man sich am besten dagegen schützen?

Als Motorradfahrer muss man sich bewusst werden, dass jeder noch so kleine Sturz – auch aus dem Stand – gefährlichste Körperverletzungen zur Folge haben kann. Da der Motorradfahrer keine schützende Fahrzeugkarosserie um sich hat, muss er sich, so gut es geht, mit einer Schutzbekleidung behelfen. Deshalb heißt es immer: Nie ohne und immer mit vollständiger Schutzbekleidung von oben bis unten!

Woran erkennt man eine gute Motorradschutzbekleidung?

Das Angebot an Schutzbekleidung ist riesengroß und für den Verbraucher schwer zu überblicken. Man unterscheidet heute wesentlich zwischen Lederanzügen und Textilanzügen, oft mit rutschfesten Einlagen, z. B. aus Kevlar. Motorradanzüge haben heute in der Regel auch Protektoren an besonders gefährdeten Stellen (Schulter, Ellenbogen, Hüfte, Knie).

Wenn sie gut verarbeitet sind, sind sie fast gleichwertig; beide Materialien haben ihre Vor- und Nachteile. Letztendlich muss man aber sagen, dass eine gut verarbeitete Lederkombi in der Summe der Schutzeigenschaften immer noch besser ist als ein guter Textilanzug. Leder bietet beim Rutschen über die Fahrbahn den größten Schutz. Es ist aber nicht so komfortabel und nicht wasserfest, im Sommer schnell viel zu warm und im Winter alleine zu kalt. Da das allgemeine Wohlbefinden beim Motorradfahren auch eine große Rolle für die Sicherheit spielt, kann eine Textilkombi hier eindeutig Pluspunkte sammeln.

Wesentlich ist eigentlich die Verarbeitung. Die Anzüge dürfen nicht zu viele Nähte haben, also nicht aus zu vielen Teilstücken zusammengesetzt sein, das gilt vor allem für Rücken, Brust und Beine. Es sollten keine Reißverschlüsse aus Kunststoff verarbeitet sein, die beim Rutschen über den Asphalt ebenfalls aufgehen können. Überhaupt müssen Reißverschlüsse und Nähte verdeckt sein, damit sie nicht aufscheuern können: Der Anzug würde sonst auseinander fallen. Arm- und Beinabschlüsse müssen eng anliegen ohne zu zwicken. Das Leder sollte mindestens 1 mm dick sein, es wird Rinds- oder Kalbsleder verwendet; Ziegenleder ab 1,2 mm ist das beste. Bunte, helle Farben sind für gute, frühzeitige Erkennbarkeit im Verkehr wichtig, beim Leder aber z. T. problematisch, da einige Farbstoffe, vor allem Weiß, die Festigkeit des Leders verringern.

Bei den Protektoren gibt es sowohl harte Schutzschalen als auch weiche Polsterungen. Diese müssen aus einem besonderen Schaumstoff gefertigt sein, der normaler-

weise weich ist, bei einem Schlag aber hart und somit schützend wird. Normaler Schaumstoff oder zwei Lederschichten genügen an diesen Stellen nicht. Gerade bei den Hartschalenprotektoren, aber natürlich auch allgemein, ist es wichtig darauf zu achten, dass die Protektoren bei jeder Körperhaltung genau dort sitzen, wo sie schützen sollen. Hartschalenprotektoren können sogar erst Verletzungen herbeiführen, wenn sie nicht richtig sitzen. Das gilt ganz besonders bei „Rückenpanzern“ (das sind Schutzplatten, die den Rücken abdecken und schützen sollen). Zu schmale, lose Rückenplatten können sich verkanten und so Rückgrat oder Rippen zerschlagen. Eine zu große Rückenplatte kann bei Stauchungen ungewollt in den Nacken oder auf das Steißbein aufschlagen und hier erhebliche Verletzungen herbeiführen.

Die Bekleidungsindustrie arbeitet seit Jahren an einer Zertifizierung von guter Schutzbekleidung, was die Motorradverbände sehr begrüßen. Es lohnt sich, ein paar Mark mehr auszugeben. Wer sich ein teures Motorrad leisten kann, sollte auch an der Bekleidung nicht sparen. Eine Anprobe vor dem Kauf ist ein Muss, evtl. ist sogar eine Maßanfertigung die einzig vernünftige Lösung, um die richtige, passende Schutzbekleidung zu bekommen.

Können Motorradhelme nach einem Sturz weiterverwendet werden?

Die Antwort auf diese Frage lautet ganz eindeutig: Nein! Der Helm besteht hauptsächlich aus zwei Schichten: einer harten Außenschale, die vor dem Eindringen von scharfen, spitzen Gegenständen schützen soll, und einer nachgiebigen Innenschale aus Polystyrol (Styropor), und auf diese Innenschale kommt es wesentlich an. Bei einem Aufschlag wird das Polystyrol zusammengepresst – dabei wird die Energie des Aufschlages (Verzögerungsenergie) gemindert – und der Schlag auf den Kopf wird entsprechend schwächer.

Bei einem Aufprall wird das Schutzpolster zusammengedrückt und bleibt auch danach zusammengedrückt, auch wenn die harte Außenschale immer noch rund und glatt ist! Wenn man also erneut auf die gleiche Stelle aufschlagen würde, wäre die Schutzwirkung gleich null, weil sich das Polster nicht noch einmal zusammendrücken lässt.

Das alles gilt aber nur für Aufschlaggeschwindigkeiten bis max. 40 km/h, darüber wird die Krafteinwirkung auf den Kopf einfach zu groß. Ein Helm kann also nur bedingt schützen. Wollte man sich z. B. gegen einen Aufprall gegen eine Wand mit 100 km/h schützen, müsste das Helmpolster 1 m dick sein!

Helme unterliegen heute einer strengen Norm, der ECE-Prüfung, und jeder Helm auf dem deutschen Markt sollte der aktuellsten Prüfnorm entsprechen. Im Helm oder am Spannriemen befindet sich ein Aufnäher mit ECE-Markierung und einer Zahlenkombination; die aktuelle Prüfnorm ist ECE-04.

Henning Knudsen
Referat Zweiradsicherheit

Schädel-Hirn-Verletzungen

Schweregrad und Art der Schädel-Hirn-Verletzungen bei Gewalteinwirkung auf den Kopf können sehr unterschiedlich sein.

Das Spektrum reicht von der Schädelprellung über Gehirnerschütterung (Commotio) und Gehirnprellung (Contusio) bis hin zur Gehirnquetschung (Compressio), von Blutungen im Schädelinneren bis zum Schädelbasisbruch. Eine genauere Differenzierung ist im Rahmen der Ersten Hilfe in den meisten Fällen jedoch nicht möglich.

Allen Verletzungen gemeinsam sind die Gefahren der Bewusstlosigkeit sowie die Gefahr von Blutungen im Schädelinneren.

Erkennen

- *Siehe „Übersicht: Erkennen von Verletzungen des Stütz- und Bewegungsapparates“, S. 94*
- Störungen des Bewusstseins:
  - Bewusstseinstrübung bis Bewusstlosigkeit (evtl. ist diese nur sehr kurzfristig)
  - Erinnerungslücke (nach Wiederkehr des Bewusstseins)
- Weitere Anzeichen:
  - Übelkeit und Erbrechen
  - Kopfschmerzen
  - Ggf. Sehstörungen
  - Ggf. Krämpfe
  - Blutungen aus Nase, Ohr, Auge (bei Schädelbasisbruch)
- Ggf. Begleitverletzungen

Handeln

- Das **PAKET**
- Unser Maßnahmenpaket *„Verletzungen des Stütz- und Bewegungsapparates“*
- Versorgung der Wunden
- Bei ansprechbaren Betroffenen zusätzlich:
  - Das Maßnahmenpaket *„Wie bei allen Problemen im Kopf“*
  - Hilfestellung beim Erbrechen (z.B. Kopf halten)
- Bei bewusstlosen Betroffenen zusätzlich: das Maßnahmenpaket *„Wie bei jedem Bewusstlosen“*

Straßenverkehr

Verletzungen können Sie schon durch folgende einfache Maßnahmen vermeiden oder zumindest in ihrem Ausmaß reduzieren:

- Die richtige Einstellung Ihres Sitzes: Die Beine sollten leicht angewinkelt, aber nicht gestreckt sein.
- Die richtige Einstellung der Kopfstützen
- Bewahren Sie keine losen Gegenstände auf der Hutablage auf. Denn schon bei niedrigen Geschwindigkeiten können diese bei plötzlichem, starkem Bremsen zu gefährlichen Geschossen werden.
- Schutz/Trennung zwischen Fahrgastraum und Ladefläche

Hinweis der Berufsgenossenschaft

Wodurch werden am häufigsten Schädel-Hirn-Verletzungen im Bereich der Betriebe verursacht?

Im Jahr 1997 wurden in Deutschland aus dem Bereich der gewerblichen Wirtschaft insgesamt rund 84 000 Unfälle mit Schädelverletzungen gemeldet. Dabei standen die Wirtschaftszweige Bau, Handel und Verwaltung bzw. das Metall verarbeitende Gewerbe an der Spitze. Als Unfallursache tritt dabei am häufigsten ein heftiges Anstoßen des Kopfes, die Tatsache, dass kippende oder fallende Gegenstände den Beschäftigten treffen oder dieser von Gegenständen schlagartig getroffen wird, auf. Doch auch die eher harmlos klingenden Unfälle durch Stolpern sind häufig Ursache von Schädel-Hirn-Verletzungen.

Welche Vorbeugung empfehlen Sie?

Der Aufenthalt unter schwebenden Lasten ist verboten. Zusätzlich soll in anderen gefährlichen Bereichen ein Kopfschutz (Industrieschutzhelm) getragen werden. Darüber hinaus müssen Gegenstände gegen Umkippen oder Herabfallen gesichert werden, um eine Personengefährdung von vornherein auszuschließen. Aber auch das Freihalten der Verkehrswege von Stolperfallen in Zusammenhang mit den Arbeitsbedingungen angemessenen rutschfesten Bodenbelägen sollen ein Hinfallen von Personen so weit wie möglich im Voraus verhindern.

Dipl.-Ing. Joachim Berger
Hauptverband der gewerblichen Berufsgenossenschaften

Familie und Haushalt

Sie können Stürzen – und somit vermeidbaren Verletzungen – vorbeugen, indem Sie Stolperfallen ausschalten und z. B. beim Hausputz keine „akrobatischen Kunststücke" auf unsicheren Stühlen versuchen, sondern Leitern oder Trittschemel verwenden.

Führen Sie bei sich zu Hause doch einmal eine kleine Sicherheitsanalyse durch. Gehen Sie die Räume Ihrer Wohnung durch und listen Sie mögliche Gefahrenquellen auf. Wo können Sie Abhilfe schaffen?

Rund um Hitze und Kälte

Übersicht: Hitze- und Kälteschäden

Hitzeschäden

- Örtlich begrenzte Schäden:
  - Verbrennung/Verbrühung
  - Sonnenstich
- Den ganzen Körper betreffende Schäden:
  - Hitzschlag
  - Hitzeerschöpfung

Kälteschäden:

- Örtlich begrenzter Schaden:
  - Erfrierung
- Den ganzen Körper betreffender Schaden:
  - Unterkühlung

Der Mensch ist auf eine konstante Körperkerntemperatur angewiesen. Diese hält er durch verschiedene Regulationsmechanismen (z.B. Eng-/Weitstellung der Blutgefäße der Haut, Schweißbildung, Muskelarbeit) konstant bei ca. 37 °C. Der menschliche Körper ist zu einem bestimmten Maß in der Lage, Temperaturabweichung der Außenwelt auszugleichen. Ist diese Abweichung zu groß, kommt es jedoch zu einer Schädigung. Art und Ausmaß der Schädigung hängt dabei von verschiedenen Faktoren ab:

- Temperaturdifferenz zur Körpertemperatur
- Einwirkungsdauer
- Wärmeleitfähigkeit der Hitze-/Kältequelle
- Größe und Ort der Einwirkung

Verbrennungen und Verbrühungen

Durch den direkten Kontakt mit heißen Gegenständen, Flüssigkeiten oder Gasen kann es zu Verbrennungen oder Verbrühungen kommen. Aber auch Strahlungen, wie z.B. die UV-Strahlung der Sonne oder Strahlung anderer Quellen, können Verbrennungen verursachen.

Folgende unmittelbare Gefahren bestehen bei Verbrennung/Verbrühung:

- Schock durch Flüssigkeitsverlust
- Unterkühlung durch Störung der Wärmeregulation
- Atemnot bei Verbrennungen im Gesicht und/oder beim Einatmen von heißen Gasen/Dämpfen

Als Spätfolge kann es zu einer Narbenbildung kommen, die zu Entstellungen und bei Verbrennungen in gelenknahen Bereichen oder an Händen und Füßen zu einer bleibenden Behinderung führen kann. Weisen Sie deshalb gleich beim Notruf darauf hin, welche Körperteile des Verletzten von der Verbrennung betroffen sind.

Erkennen

Je nach Schwere werden Verbrennungen in unterschiedliche Grade eingeteilt:

- Verbrennung 1. Grades:
  - Rötung
  - Schmerzen
  - Ggf. Schwellung
- Verbrennung 2. Grades:
  - Zusätzliche Blasenbildung
- Verbrennung 3. Grades:
  - Zusätzlich Gewebszerstörung bis hin zur Verkohlung

Handeln

- Eigenschutz beachten!
- Wenn möglich, Beseitigung der Ursache:
  - Rettung des Betroffenen aus dem Gefahrenbereich
  - Ggf. Feuer löschen
  - Ggf. brennende Kleidung ablöschen (mit Wasser oder einem Handfeuerlöscher, ohne dabei den Gesichtsbereich mit einzubeziehen; mit einer Löschdecke. Tipp: Nehmen Sie an einer Brandschutzunterweisung z. B. Ihrer örtlichen Feuerwehr teil.)
  - Ggf. Kleidung entfernen, besonders wenn diese mit heißer Flüssigkeit durchtränkt ist. Kleidungsreste, die mit der Wunde verklebt sind, werden nicht entfernt.
- Sofortiges Kühlen (verhindert das Fortschreiten der Schädigung, lindert Schmerzen; *siehe „Grundregeln Kühlung“*)
- Nach dem Kühlen die Wunde druckfrei steril (mit einem Brandwundenverbandtuch) bedecken und außerhalb des Wundbereichs mit Pflaster oder Mullbinde befestigen. Um die Kühlung fortzusetzen, kann das Tuch angefeuchtet werden.
- Schockvorbeugung/-bekämpfung: das Maßnahmenpaket *„Schock“*
- Wenn die Atemwege betroffen sind: das Maßnahmenpaket *„Wie bei allen Problemen in der Brust“*
- Das **PAKET**
- Beim Notruf nicht vergessen: Wird die Feuerwehr benötigt?

Grundregeln Kühlung

Bei der Kühlung einer Verbrennung oder Verbrühung beachten Sie bitte folgende Grundregeln:

- Eine Kühlung sollte ca. 15 Minuten durchgeführt werden.
- Bei der Kühlung ist Druck auf die Verbrennungswunde zu vermeiden.
- Körperferne Abschnitte von Armen und Beinen unter fließendem Wasser kühlen.
- Großflächige Verbrennungen und Verbrühungen am Rumpf mit feuchten, flusenfreien Tüchern (z. B. Verbandtuch) kühlen.
- Bei großflächigen Verbrennungen für den Wärmeerhalt an den nicht betroffenen Körperregionen sorgen.

Sonnenstich

Ein Sonnenstich entsteht, wenn Sonnenstrahlen lange und intensiv auf den ungeschützten Kopf einwirken. Er kann sich auch bei kühlen Temperaturen, Wind oder diesigem Wetter entwickeln. Säuglinge, Kleinkinder und Glatzköpfige sind besonders gefährdet.

Erkennen

- Auf den ersten Blick: typische Situation (lang andauernde, direkte Sonneneinstrahlung auf den Kopf)
- Heißer, roter Kopf
- Zeichen der Hirnhautreizung:
  - Kopfschmerz
  - Ggf. Übelkeit/Erbrechen
  - Ggf. Nackensteifigkeit
- Bewusstseinsstörungen/Bewusstlosigkeit

Handeln

- Ursachen ausschalten (den Betroffenen in den Schatten bringen oder Schatten spenden).
- Kopf mit feuchten Tüchern kühlen.
- Das **PAKET**
- Bei Ansprechbaren zusätzlich: das Maßnahmenpaket *„Wie bei allen Problemen im Kopf"*
- Bei Bewusstlosen Betroffenen zusätzlich: das Maßnahmenpaket *„Wie bei jedem Bewusstlosen"*

Vorbeugen

Tragen Sie bei lang andauernder Sonneneinwirkung auf den Kopf (z. B. bei Gartenarbeiten, bei Wanderungen) eine Kopfbedeckung.

Hitzschlag

Ein Hitzschlag ist eine akut lebensbedrohliche Situation: Durch ein Versagen der Wärmeregulation kommt es zu einer extremen Überwärmung des Körpers.

Erkennen

- Auf den ersten Blick: typische Situation:
  - Feuchtwarme Umgebung (Schwüle)
  - Extreme Hitze in kleinen abgeschlossenen Räumen (z. B. im Auto)
  - Tragen von wärme- und feuchtigkeitsisolierender Kleidung bei zu hoher Außentemperatur und/oder körperlicher Anstrengung
  - Unzureichendes Trinken bei großer Hitze und/oder bei schwerer körperlicher Arbeit
- Zu Beginn:
  - Heiße, trockene und rote Haut (am ganzen Körper)
  - Hohe Körpertemperatur (40–42 °C)
  - Schneller Puls und Atmung

- Später:
  - Schockzeichen (hier mit trockener, blasser Haut)
- Ggf. Bewusstseinstrübung bis Bewusstlosigkeit

Handeln

- Ursachen ausschalten: Betroffenen in den Schatten oder an einen kühlen Ort bringen, ggf. Kleidung öffnen/entfernen
- Senken der Körpertemperatur:
  - Wadenwickel
  - Handgelenke unter fließendes kaltes Wasser halten.
- Ggf. Schockbekämpfung
- Das **PAKET**
- Bei Ansprechbaren zusätzlich: In kleinen Schlücken trinken lassen.
- Bei Bewusstlosen zusätzlich: das Maßnahmenpaket *„Wie bei jedem Bewusstlosen"*

Vorbeugen

Bei hohen Temperaturen bzw. in feuchtwarmer Umgebung:

- Trinken Sie ausreichend.
- Vermeiden Sie schwere körperliche Anstrengung.
- Tragen Sie keine wärme- und feuchtigkeitsstauende Kleidung.

Hitzeerschöpfung

Die Hitzeerschöpfung (Hitzeschock) entsteht durch einen großen Flüssigkeitsverlust (extremes Schwitzen bei starker körperlicher Anstrengung), der nicht ausgeglichen wird. Bei fortschreitendem Flüssigkeitsverlust besteht die Gefahr des Volumenmangelschocks. Die Hitzeerschöpfung kann als fortgeschrittenes Stadium des Hitzschlags auftreten.

Erkennen

- Auf den ersten Blick: typische Situation. Extremes Schwitzen bei starker körperlicher Anstrengung und/oder großer Hitze
- Schockzeichen
  - (Feuchte,) blasse Haut
  - Schneller Puls und Atmung
- Ggf. Bewusstseinstrübung bis Bewusstlosigkeit

Handeln

- Betroffenen an einen kühlen Ort bringen, ggf. Kleidung öffnen/entfernen
- Das **PAKET**
- Bei Ansprechbaren zusätzlich:
  - Betroffenen in kleinen Schlücken trinken lassen
  - Schockvorbeugung und -bekämpfung
- Bei Bewusstlosen: das Maßnahmenpaket *„Wie bei jedem Bewusstlosen"*

Vorbeugen

Wie beim Hitzschlag

Erfrierungen

Erfrierungen entstehen entweder durch starke Kälteeinwirkung oder durch starke Auskühlung vorstehender Körperteile wie z. B. Finger oder Nase. Neben dem unzureichenden Schutz vor Kälte kann eine Erfrierung folgende Ursachen haben:

- Beengende Kleidung
- Feuchte Kleidung
- Direkter Kontakt mit sehr kalten Gegenständen
- Unsachgemäßer Einsatz von Kühlmitteln (z. B. Kältespray)

Wesentlich für das Ausmaß der Schädigung sind der Unterschied zur Körpertemperatur und die Einwirkungsdauer. Wie bei Verbrennungen so werden auch die Erfrierungen je nach Schwere in drei Grade eingeteilt.

Erkennen

- Auf den ersten Blick: typische Situation
  - Ungeschützte Hände, Nase oder Ohren bei kalter Umgebungstemperatur
  - Beengende und/oder feuchte Bekleidung oder Schuhwerk bei kalter Umgebung
  - Direkter Kontakt mit sehr kalten Stoffen
  - Unsachgemäßer Einsatz von Kühlungsmitteln
- Erfrierung 1. Grades:
  - Kalte, bläulich rote Haut
  - Schmerzen
  - Ggf. Schwellung
- Erfrierung 2.–3. Grades:
  - Weiße Haut
  - Gefühllosigkeit
  - Ggf. Blasenbildung
  - Gewebsuntergang

Handeln

- Ursachen ausschalten:
  - An einen warmen Ort bringen.
  - Beengende, feuchte Bekleidung öffnen bzw. entfernen.
- Erfrierung 1. Grades:
  - Bewegen.
  - Hände unter die Achseln stecken.
  - Betroffenen auffordern, sich den entsprechenden Bereich zu reiben.
- Erfrierung 2.–3. Grades:
  - Geschädigten Bereich steril abdecken sowie warm, weich und trocken einpacken.
  - Nicht von außen erwärmen.
  - Den geschädigten Bereich nicht bewegen.
  - Ruhigstellung
- das **PAKET**

Vorbeugen

- Tragen Sie bei Kälte geeignete Kleidung, die nicht zu eng ist und einen Luftwärmepuffer ermöglicht.
- Schützen Sie besonders exponierte Körperteile (z. B. Finger und Nase) vor Kälteeinwirkung.
- Bewegen Sie sich bei Kälte ausreichend.

Unterkühlung

Eine Unterkühlung tritt auf, wenn der Körper mehr Wärme abgibt, als er durch eigene Wärmeproduktion erzeugen kann. Wesentlich ist die Temperatur des Körperkerns. Bei zunehmender Auskühlung kommt es wie beim Schock zu einer Zentralisation, d.h., die Durchblutung der Extremitäten wird verringert und nur die lebenswichtigen Organe werden ausreichend durchblutet.

Folgende Ursachen können zu einer Unterkühlung führen:

- Tragen unzureichender Kleidung bei niedriger Umgebungstemperatur
- Feuchte Kleidung
- Langer Aufenthalt in kaltem Wasser
- Schlafen ohne ausreichenden Kälteschutz (z.B. im Freien)
- Übermäßiger Alkoholgenuss

Erkennen

- Auf den ersten Blick: typische Situation:
  - ▷ Unzureichende und/oder feuchte Bekleidung bei niedriger Umgebungstemperatur
  - ▷ Langer Aufenthalt in kaltem Wasser
  - ▷ Schlafen mit unzureichendem Kälteschutz (z.B. im Freien)
- Zu Beginn (Abwehrstadium):
  - ▷ Kalte, blasse Haut
  - ▷ Frieren mit Muskelzittern
- Später (Erschöpfungsstadium):
  - ▷ Muskelsteifigkeit bis Starre
  - ▷ Bewusstseinstrübung bis Bewusstlosigkeit
  - ▷ Verlangsamung von Atmung und Puls bis hin zum Atem- und Herz-Kreislauf-Stillstand

Handeln

- Ursachen ausschalten:
  - ▷ Betroffenen an einen warmen Ort bringen.
  - ▷ Feuchte Bekleidung entfernen.
- Betroffenen warm einpacken (Rettungsdecke).
- Betroffenen nicht von außen erwärmen.
- Das **PAKET**
- Zusätzlich im Abwehrstadium:
  - ▷ Betroffenen zur aktiven Bewegung auffordern.
  - ▷ Gabe von warmen, gezuckerten Getränken
  - ▷ Keinen Alkohol geben.
- Im Erschöpfungsstadium:
  - ▷ Jede unnötige Bewegung vermeiden.
  - ▷ Bei ansprechbaren Betroffenen: Lagerung nach Wunsch
  - ▷ Bei bewusstlosen Betroffenen: das Maßnahmenpaket *„Wie bei jedem Bewusstlosen"*

Vorbeugen

- Tragen Sie geeignete Kleidung.
- Entfernen Sie durchnässte Kleidung.
- Vermeiden Sie übermäßigen Alkoholgenuss bei kalten Außentemperaturen.
- Vermeiden Sie Risiken wie das Betreten ungesicherter Eisflächen.

Rund um Gifte

Von einer Vergiftung spricht man, wenn durch die Aufnahme einer Substanz eine Beeinträchtigung des Wohlbefindens oder akute Lebensgefahr besteht. Die Vergiftung ist abhängig von der Substanz und der aufgenommenen Menge. So helfen manche Gifte (z. B. Digitalis) in geringer Menge manchmal gegen Krankheiten, während andere Stoffe wie z. B. Kochsalz, die wir täglich zu uns nehmen, in großer Menge giftig wirken. Manche Stoffe (z. B. Schwermetalle) lagern sich im Körper ab und entfalten erst ab einer bestimmten Konzentration ihre giftige Wirkung. Die Giftaufnahme kann über unterschiedliche Wege erfolgen:

- Das Gift wird über den Mund aufgenommen, verschluckt und gelangt über den Magen-Darm-Trakt in den restlichen Körper.
- Das Gift wird eingeatmet und gelangt über die Lunge in den Körper.
- Manche Gifte werden über die Haut aufgenommen.
- Das Gift wird über eine Spritze (Injektion) dem Körper zugefügt.

Maßnahmenpaket: Vergiftung

A *wie Absichern und Eigensicherung*

B *wie Beatmen bzw. freie Atemwege sichern*

C *wie Cirkulation sichern*

D *wie Drogenreste, Erbrochenes etc. aufbewahren*

E *wie Entfernen des Gifts (z. B. durch Erbrechen durch mechanische Reizung der Rachenwand oder konzentriertes Salzwasser (nicht bei Kindern, nicht bei Vergiftungen mit ätzenden Substanzen, Lösungsmitteln, Schaumbildnern oder bei krampfenden bzw. bewusstseinsgetrübten Betroffenen erbrechen lassen!)*

F *wie Fürsorge: das* **PAKET**

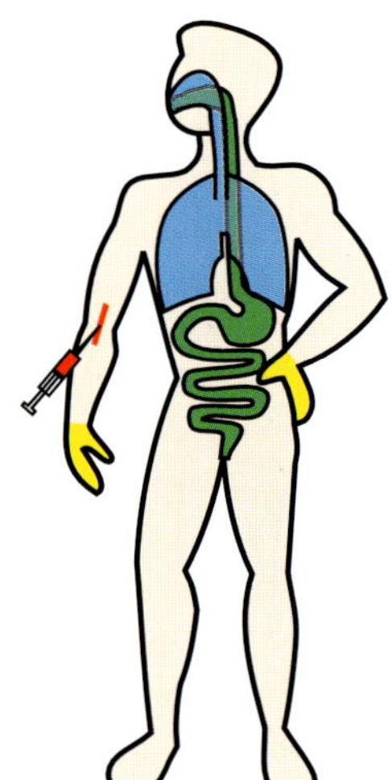

Mögliche Wege der Giftaufnahme

Erkennen

- Auf den ersten Blick: typische Situation:
  - Veränderung des Verhaltens des Betroffenen ohne sonstige erkennbare Ursache
  - Ggf. leere Medikamentenpäckchen, Reste in Trinkgläsern, Flaschen oder Behälter mit gefährlichen Substanzen in der Nähe des Betroffenen
- Veränderung der Vitalfunktionen
- Ggf. typischer Geruch (z. B. Alkohol)
- Je nach Gift – sehr unterschiedliche Beschwerden und Erscheinungsbilder

Handeln

Das Maßnahmenpaket „*Vergiftung*“

Vorbeugen

- Giftbehälter nach Gebrauch fest verschließen.
- Gifte in der Originalflasche/-verpackung lassen und niemals z. B. in leere Getränkeflaschen füllen.
- Gifte und Medikamente an einem sicheren, vor allem für Kinder unzugänglichen Ort aufbewahren.
- Nicht mehr benötigte Gifte und Medikamente nicht lagern, sondern entsprechend sicher entsorgen (z. B. bei Problemmüllsammlungen, in Apotheken).
- Gifte und Medikamente nicht in den Ausguss/die Kanalisation geben.
- Beachtung der Sicherheitsregeln und Tragen von Schutzbekleidung beim Arbeiten mit giftigen Stoffen

Verätzungen

Hochkonzentrierte starke Säuren und Laugen zerstören bei Kontakt die Haut und „fressen“ sich unter Umständen tief in das darunter liegende Gewebe. Sind diese Säuren und Laugen nur schwach konzentriert, wird die Haut je nach Verdünnung nur noch gereizt oder gar nicht beeinträchtigt.

Ziel der Maßnahmen der Ersten Hilfe ist es, über eine schnelle und ausgiebige Verdünnung der einwirkenden Säuren und Laugen die Schädigung der Haut und des darunter liegenden Gewebes zu vermeiden oder möglichst zu verringern.

Bei allen Verätzungen ist besonders der Eigenschutz des Helfers zu beachten!

Erkennen

- Auf den ersten Blick:
  - Typischer Arbeitsplatz (z. B. Labor)
  - Im Haushalt
  - Im Umfeld besonders gekennzeichneter Behälter
  - Angaben des Betroffenen
  - Hinweise von Augenzeugen
- Ggf. „zerfressene“ Bekleidung im Bereich der Wunde
- Schmerzen
- Nicht blutende Wunde:
  - Bei Säure: rötliche Wunde
  - Bei Lauge: aufgequollene weißliche Wunde

Handeln

- Eigensicherung beachten!
- Weiträumiges Entfernen der Kleidung
- Gründliches Abspülen der Wunde (vom Körper weg)
- Anschließend Wundversorgung
- Das **PAKET**

Verätzungen des Auges

Erkennen

- Rötung des Auges
- Schmerzen und Brennen des Auges
- Lidkrampf
- Ggf. Sehstörungen

Maßnahmen

- Gründliches Spülen des Auges (feste Teilchen mit Kompresse vorher abtupfen)
- Legen Sie anschließend eine feuchte Kompresse auf das betroffene Auge. Befestigen Sie diese Kompresse durch einen lockeren Dreiecktuchverband über beide Augen.
- Das **PAKET**

Verätzungen der oberen Verdauungswege

Erkennen

- Schmerzen im Mund
- Schmerzen und Brennen hinter dem Brustbein
- Schluckbeschwerden

Maßnahmen

- Nicht zum Erbrechen bringen.
- Wasser in kleinen Schlücken trinken lassen.
- Das **PAKET**

Hinweis der Berufsgenossenschaft

Wo können Vergiftungen oder Verätzungen auftreten?

Vergiftungen und Verätzungen entstehen im Betrieb häufig durch den unachtsamen Umgang mit gefährlichen Arbeitsstoffen. Oft werden diese Stoffe aber auch nicht sofort als gefährlich erkannt. Doch viele Reinigungsmittel, Verdünnungen und sonstige Arbeitsstoffe können bei der Aufnahme in den Körper über die Lunge, den Mund oder auch die Haut Vergiftungen hervorrufen. Einige Vergiftungen sind so hinterlistig, dass man ihre Wirkung erst Stunden oder Tage später erkennt.

Welche Sicherheitsempfehlungen geben Sie?

Lassen Sie sich auf jeden Fall das Sicherheitsdatenblatt von gefährlichen Stoffen zeigen, das alle Informationen über die Gefährlichkeit eines Stoffes enthält. Dabei werden Hinweise auf Schutzausrüstungen gegeben. Es finden sich dort aber auch wichtige Hinweise auf eine wirksame Erste Hilfe, wenn es trotzdem zu einem Unfall kommen sollte.

Dipl.-Ing. Joachim Berger
Hauptverband der gewerbl. Berufsgenossenschaften

Tipps zur Sicherheit und Ersten Hilfe

Wie lagere ich ...?

Atemunterstützende Lagerung bei allen Problemen in der Brust

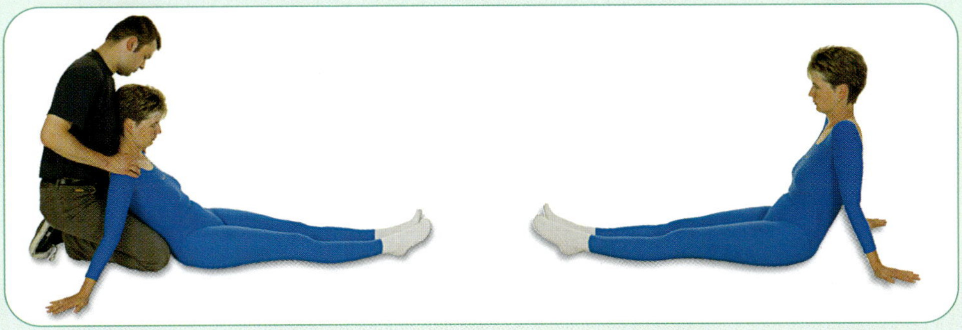

Lagerung beim Schock (nicht beim herzbedingten!)

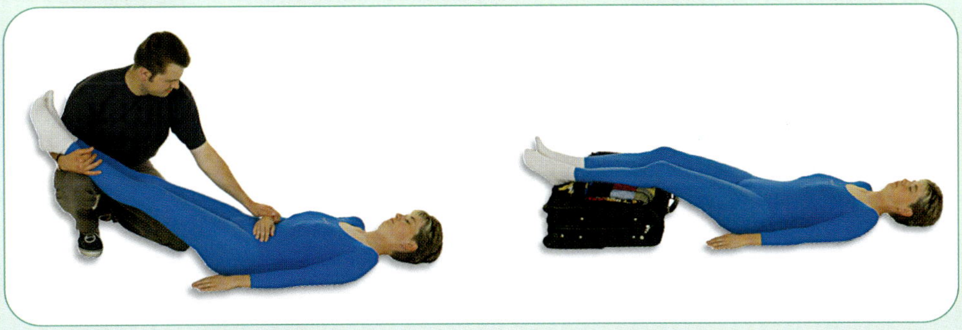

Lagerung bei Problemen im Bauch

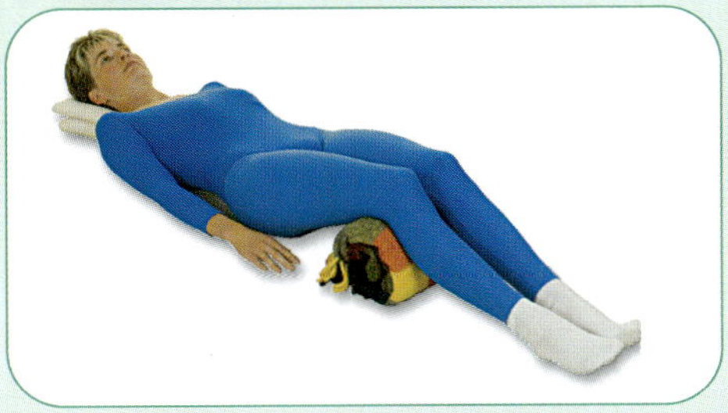

Lagerung bei allen Problemen im Kopf

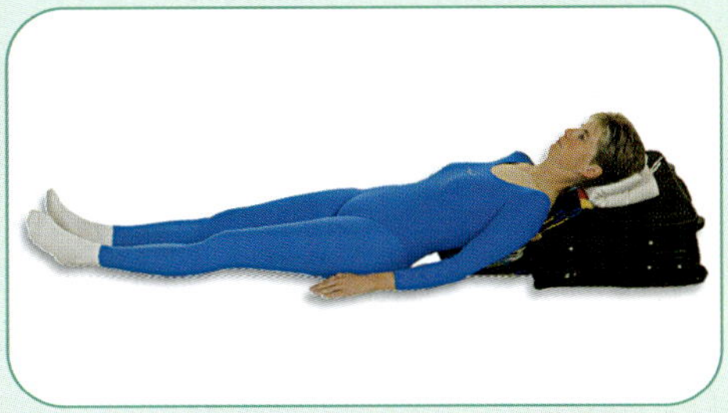

Die Hausapotheke

Am besten ist ein Erste-Hilfe-Schrank geeignet, der möglichst abschließbar sein sollte. So sind die darin enthaltenen Arzneimittel vor Kindern und unbefugten Dritten unerreichbar. Der Standort sollte kühl und schattig sein. Auf keinen Fall sollte er im Badezimmer sein, da unter dem feuchtwarmen Raumklima die Stabilität der Arzneimittel und die Klebekraft von Pflastern leiden. Überprüfen Sie regelmäßig die Verfallsdaten der Präparate (1- bis 2-mal jährlich). Notwendiges ersetzen Sie, Überflüssiges oder Verfallenes geben Sie in der Apotheke zur Entsorgung ab.

Inhalt einer Hausapotheke

In eine Hausapotheke gehören Mittel zur Erstversorgung von Wunden (auch Brandwunden) und zur definitiven Versorgung von Bagatellverletzungen (Wundreinigung und Desinfizierung). Ferner Arzneimittel gegen Erkältung, Schmerzen, Durchfall, Verstopfung, Magenprobleme sowie sonstige individuelle Medikamente.

Maria Papastamatiou
Apothekerin, Berlin

Inhalt einer Hausapotheke

- Wund- und Heilsalbe
- Wundantiseptikum
- Brandsalbe
- Arzneimittel für stumpfe Verletzungen
- Mittel gegen Pilzerkrankungen der Haut
- Medikamente gegen Erkältung
- Allgemeine Schmerzmittel
- Medikamente gegen
  - Verstopfung
  - Durchfall
  - Blähungen
  - Magenbeschwerden/Sodbrennen
- Mittel gegen Insektenstiche
- Mittel gegen Kreislaufbeschwerden
- Individuelle Medikamente bei Daueranwendung (selbstverständlich vom Arzt verschrieben)
- Verbandstoffe
  - Mullbinden 6 und 8 cm breit
  - Elastische Binden 6 und 8 cm breit
  - Idealbinden 8 cm breit
  - Sterile Kompressen
  - Heftpflaster
  - Wundschnellverband 6 und 8 cm breit
  - Verbandpäckchen (klein, mittel, groß)
  - Pflasterstrips
  - Verbandwatte
  - Lederfingerling
  - Fingerverband
  - Dreiecktuch
- Sowie Hilfsmittel:
  - Schere
  - Splitterpinzette
  - Fieberthermometer
  - Sicherheitsnadel
  - Zeckenzange
  - Mundspachtel
  - Gummihandschuhe
- Eine Erste-Hilfe-Anleitung, Notfalladressen und Telefonnummern des Hausarztes und der nächstliegenden Apotheke

Lassen Sie sich zu den einzelnen Arzneimitteln in der Apotheke beraten.

Die Reiseapotheke

▶ Lassen Sie sich zum Inhalt der Reiseapotheke in Ihrer Apotheke beraten.

▶ Man sollte einen geeigneten Behälter für die Reiseapotheke nehmen, damit nicht danach gesucht werden muss, wenn Sie die Arzneimittel benötigen.

▶ Nehmen Sie die Reiseapotheke mit ins Handgepäck, für den Fall, dass sich die Koffer verspäten und man ein wichtiges Medikament braucht. Achten Sie darauf, dass Sie bei Dauermedikamenten einen kleinen Notvorrat mit einpacken.

▶ Bei Fernreisen informieren Sie sich unbedingt beim Tropeninstitut, welche Impfungen notwendig sind. Vor den Impfungen reden Sie mit Ihrem Hausarzt über eventuelle Nebenwirkungen und Belastungen (z. B. bei Schwangeren oder geschwächten Personen nach Grippe o. Ä.).

▶ Nehmen Sie Ihren Impfpass mit!

▶ Informieren Sie sich bei Ihrer Krankenversicherung über den Auslandsversicherungsschutz (ggf. Auslandsversicherungskrankenschein mitnehmen).

Maria Papastamatiou
Apothekerin, Berlin

Inhalt einer Reiseapotheke

- ▶ Mittel gegen Reisekrankheit
- ▶ Schmerzmittel
- ▶ Mittel gegen Erkältung
- ▶ Medikamente gegen Durchfall sowie Elektrolytpulver
- ▶ Präparat gegen Verstopfung
- ▶ Mittel gegen Magenbeschwerden (Übelkeit, Blähungen, Sodbrennen)
- ▶ Präparat gegen Kreislaufstörungen
- ▶ Mittel gegen Schlafstörungen
- ▶ Arznei gegen Blasen-Nieren-Entzündung
- ▶ Mittel gegen Lippenherpes
- ▶ Arzneimittel bei stumpfen Verletzungen (Prellung, Verstauchung)
- ▶ Mittel gegen Hexenschuss
- ▶ Insektenschutzmittel
- ▶ Mittel gegen Insektenstiche sowie Sonnenbrand und Sonnenallergie
- ▶ Mittel gegen Fußpilz
- ▶ Augentropfen
- ▶ Wunddesinfektionsmittel und Wundsalbe
- ▶ Verbandmaterial:
  - ▷ Mullbinden
  - ▷ Elastische Binden
  - ▷ Verbandpäckchen
  - ▷ Wundschnellverband
  - ▷ Pflaster
  - ▷ Biesenpflaster
  - ▷ Sterile Kompressen
  - ▷ Verbandtuch
  - ▷ Evtl. Einmalspritzen mit Kanüle
- ▶ Hilfsmittel:
  - ▷ Pinzette
  - ▷ Schere
  - ▷ Fieberthermometer
- ▶ Mittel gegen Ohrenschmerzen
- ▶ Je nach Reiseziel: Tabletten zur Wasserdesinfektion
- ▶ Sonnenschutzmittel mit angemessenem Lichtschutzfaktor
- ▶ Medikamente zur individuellen Dauermedikation (sofern sie vom Arzt verschrieben wurden)

Zivil- und strafrechtliche Fragestellungen

Berta M. aus Köln fragt:
Kann ein Autofahrer, der als Ersthelfer bei einem bewusstlosen Motorradfahrer zunächst die im EH-Kurs erlernte Helmabnahme durchgeführt und ihn anschließend in die stabile Seitenlage gebracht hat, wegen Körperverletzung belangt werden, wenn sich die Situation des Bewusstlosen anschließend verschlechtert? Hafte ich, wenn etwas schief geht? Was, wenn der Motorradfahrer nachher behauptet, er hätte keinen Auftrag zu der Helmabnahme erteilt?

Zunächst: Der Autofahrer handelte völlig richtig! Nach § 323c StGB war er dazu verpflichtet, zu helfen. Sonst hätte er sich der unterlassenen Hilfeleistung strafbar gemacht.

Aber auch das weitere Verhalten des Autofahrers ist nicht zu beanstanden. Hat er die Helmabnahme und die stabile Seitenlage wie im Erste-Hilfe-Kurs erlernt und nach bestem Wissen und Gewissen durchgeführt, kann er weder vom Motorradfahrer in einem Zivilrechtsstreit in Regress genommen werden noch hat er ein Strafverfahren zu erwarten.

Ferner kann er bei entsprechender Sorgfalt nicht strafrechtlich zur Verantwortung gezogen werden, da er von der mutmaßlichen Einwilligung des Bewusstlosen auf seine Maßnahmen ausgehen kann. Hier greifen die Vorschriften über die „Geschäftsführung ohne Auftrag". Es liegt zwar kein Auftrag des Geschäftsherrn (Motorradfahrer) vor, der Ersthelfer wird jedoch für den Geschäftsherrn tätig, da die Maßnahmen in dessen vermutetem Interesse erfolgen, um sein Leben zu retten und zu schützen (hier: Freihalten der Atemwege).

In einem solchen Fall haftet der Ersthelfer nur für Vorsatz oder grobe Fahrlässigkeit. Grobe Fahrlässigkeit liegt vor, wenn der Helfer Grundregeln der Ersten Hilfe nicht beachtet oder einfachste Überlegungen nicht anstellt.

Paul M. aus Bochum fragt:
Ist es mir heute, wo es so viele Aidskranke gibt, zuzumuten, dass ich Erste Hilfe leiste und mich möglicherweise anstecke?

Ja! Ansonsten macht sich der potenzielle Ersthelfer der unterlassenen Hilfeleistung nach § 323c StGB strafbar. Das Ansteckungsrisiko bei Erste-Hilfe-Maßnahmen wird heute als gering eingestuft. Die üblichen Übertragungswege können bei gebotener Sorgfalt vermieden werden. Während der Hilfeleistung sollten Sie Handschuhe anlegen. Haben Sie keine zur Hand, so fordern Sie Autofahrer auf, einen Erste-Hilfe-Kasten bereitzustellen (dazu ist jeder bei einem Notfall verpflichtet!).

Peter S. aus Berlin schreibt:
In der Zeitung stand, dass sich ein Ersthelfer bei der Hilfeleistung mit Aids angesteckt hat. Was muss man in einem solchen Fall tun?

Besteht nach einer Hilfeleistung der Verdacht, sich mit HIV angesteckt zu haben, sollten Sie sofort nach dem Unfall eine HIV-Untersuchung durchführen lassen. Zwar lässt sich durch diesen Test aufgrund der kurzen Zeit keine Ansteckung nachweisen, allerdings wird hierdurch der Beweis geführt, dass vor dem Unfall keine HIV-Infektion vorlag.

Der Test sollte nach 6 Wochen, 3 Monaten und 6 Monaten erneut durchgeführt werden, um eine ordnungsgemäße Beweisführung im Falle eines Rechtsstreites mit der Versicherung sicherzustellen.

Markus P. aus Mainz:
Bei einem Verkehrsunfall habe ich Erste Hilfe geleistet. Dabei ist meine Kleidung beschädigt worden. Ferner habe ich mir eine Handverletzung bei der Rettung des Verletzten zugezogen. Wer bezahlt mir das?

Der Ersthelfer kann vom verletzten „Hilfeempfänger", der mit der Hilfeleistung – tatsächlich oder mutmaßlich (bei Bewusstlosen) – einverstanden war, grundsätzlich Ersatz seiner Aufwendung für die Behebung unvermeidbarer Schäden verlangen. Darunter fallen Kosten für die Reinigung, das Nachbestücken des Erste-Hilfe-Kastens, Geldersatz für ein zerrissenes Hemd, eigene Behandlungskosten aufgrund einer bei der Maßnahme erlittenen Verletzung etc.

In der Regel wird der Ersatz durch die Haftpflichtversicherung des Hilfeempfängers übernommen. Daneben besteht die Möglichkeit, für den geschädigten Ersthelfer, sich mit einem formlosen Antrag direkt an den zuständigen gesetzlichen Unfallversicherungsträger zu wenden. Infos in Bezug auf den zuständigen Unfallversicherungsträger und die Form des Antrags erhalten Sie bei der Bundesausführungsbehörde für Unfallversicherung (Wilhelmshaven).

Stefanie U. aus Koblenz:
Gestern fuhr ich ungefähr gegen 22 Uhr auf einer einsamen Landstraße, als ich einen am Straßenrand liegenden Mann sah. Da ich alleine unterwegs war, traute ich mich nicht anzuhalten. Ich fuhr weiter. Durfte ich das?

Das kommt darauf an, was danach geschah! Zunächst ist es Ihnen in der Tat unzumutbar, auf einer einsamen Landstraße anzuhalten und Hilfe zu leisten, wenn Sie mit einer Falle und einem Überfall rechnen. Entsprechend wird es regelmäßig zumutbar sein anzuhalten, wenn es sich um eine viel befahrene Straße handelt oder Sie nicht allein unterwegs sind oder es sich offensichtlich um einen echten Unfall handelt.

Im Fall der einsamen Landstraße und des Verdachts einer Falle können Sie weiterfahren. Allerdings muss die Weiterfahrt bei dem nächsten erreichbaren Telefon enden, wo Sie einen Notruf absetzen müssen. Fahren Sie aus diesem Grund z. B. das nächstgelegene Haus an. Zu dem Notruf sind Sie – und ebenso der Hausbewohner – verpflichtet.

Wenn Sie dieser Pflicht nicht nachkommen, machen Sie sich der unterlassenen Hilfeleistung strafbar.

Martha M. aus Hamburg:
Wie muss ich mich bei einem Verkehrsunfall auf der Landstraße verhalten, damit mir nicht der Vorwurf gemacht wird, ich hätte nicht sorgfältig genug geholfen?

Verhalten Sie sich so, wie Sie es im LSM- oder Erste-Hilfe-Kurs gelernt haben. Wichtig ist hierbei in jedem Fall, die Unfallstelle mit dem Warndreieck und Warnblinker abzusichern und dann die Erste-Hilfe-Maßnahmen durchzuführen. Anhaltende Autofahrer sollten Sie auffordern, Sie zu unterstützen.

Susanne H. aus Bonn:
Als ich mit meinem Freund spazieren ging, entdeckten wir einen Mann, der bewusstlos auf dem Weg lag. Da niemand in der Nähe war, lief ich zum Wagen zurück und fuhr zur nächsten Telefonzelle. Dabei überfuhr ich (vorsichtig) zwei rote Ampeln und fuhr statt vorgeschriebene 50 km/h mit 70 km/h. Die Polizei hielt mich an, veranlasste zwar die Rettungsmaßnahmen, stellte jedoch ein Strafmandat wegen überhöhter Geschwindigkeit und Rotlichtverstößen aus. Was kann ich tun?

Ihnen werden Verstöße gegen die StVO vorgeworfen. Im Notfall hat man sich an die Ver-

kehrsregeln zu halten. Hier liegt aber ein Fall des rechtfertigenden Notstandes nach § 34 StGB vor. Die Verkehrsverstöße werden hier in einer gegenwärtigen, nicht anders abwendbaren Gefahr für das Leben und die Gesundheit eines Verletzten begangen, um drohenden Schaden abzuwenden. Leben und Gesundheit des Verletzten überwiegen hierbei den beeinträchtigten Interessen (hier: Befolgung von Verhaltensregeln im Straßenverkehr). Dies bedeutet aber keinen Freibrief: Der Autofahrer muss in einer solchen Situation die größtmögliche Sorgfalt walten lassen und darf keine anderen Verkehrsteilnehmer gefährden. Ist dies der Fall, bleibt der Hilfe holende Autofahrer straflos.

Monika F. aus Konstanz:
Ich habe einem Wanderer, der nach einem Sturz am Oberarm stark blutete, geholfen. Ich riss sein Hemd auf, um die Wunde zu versorgen. Damit war er einverstanden. Nach zwei Wochen erhielt ich einen Brief, wo er Schadenersatz für sein Hemd verlangt. Muss ich zahlen?

Nein! Der Ersthelfer kann grundsätzlich nicht zum Schadenersatz herangezogen werden, wenn die durchgeführten Maßnahmen zur Abwendung der drohenden Gefahr erforderlich und das geschützte Interesse gegenüber dem beeinträchtigten Interesse wesentlich überwiegt. Die Zerstörung des Hemdes stand der Gefahr eines erheblichen Blutverlustes gegenüber. Der Ersthelfer musste sich Gewissheit über die Verletzung verschaffen. Beim Ausziehen des Hemdes wäre der Verletzte unnötig bewegt worden.

Sinan Selen
Rechtsanwalt, Bonn

Erste Hilfe in Betrieben

Wie ist die Erste Hilfe in Betrieben geregelt und organisiert? Und welche Erste-Hilfe-Ausstattung ist vorgeschrieben oder empfohlen?

Alle erforderlichen Grundlagen finden sich in der Berufsgenossenschaftlichen Vorschrift „Erste Hilfe" (BGV A 5). So müssen z. B. in jedem Betrieb mindestens ein Mitarbeiter (bei mehr als 20 Mitarbeitern entsprechend weitere) zum Ersthelfer ausgebildet sein. Hierfür übernimmt die zuständige Berufsgenossenschaft die Aus- und Fortbildungskosten. Für einen größeren Betrieb muss ggf. sogar ein Betriebssanitäter anwesend sein. Jeder Unternehmer muss in seinem Betrieb Vorkehrungen getroffen haben, wie ein Verletzter gerettet und der Rettungsdienst schnell alarmiert und eingewiesen werden kann, um bereits wenige Minuten nach einem Unfall am Ort des Geschehens sein zu können.

In den Unternehmen müssen Betriebsverbandkästen vorhanden sein: je nach Vorgabe der große (DIN 13169) oder der kleine (DIN 13157) Betriebsverbandkasten. Für Außendienstmitarbeiter und Monteure kann auch der Kfz-Verbandkasten (DIN 13164) anerkannt werden. Häufig reicht das normal übliche Verbandmaterial für die besonderen Verhältnisse in den Betrieben nicht aus. Deshalb muss z. T. spezielles Rettungsmaterial im Betrieb bereitgehalten werden (z. B. spezielle Tragen und Vorrichtungen zum Ablassen derselben).

Dipl.-Ing. Joachim Berger
Hauptverband der gewerblichen Berufsgenossenschaften

Sicherheit im Auto

Wie wichtig ist die richtige Sitz- und Kopfstützeneinstellung? Welche Empfehlungen geben Sie?

Im Interesse der Sicherheit sollte man den Dreipunktsicherheitsgurt möglichst stramm anlegen und die Sitzlehne möglichst aufrecht (ca. 25 Grad) einstellen. Dadurch kann der Körper nicht nach vorne geschleudert werden oder bei einer Schlafposition unter den Beckengurt hindurchrutschen. Die Kopfstütze sollte so hoch wie möglich (bis max. zum Scheitel des Kopfes) eingestellt werden. Bei Fahrzeugen mit Airbag sollte der Abstand zum Lenkrad immer so groß wie möglich gehalten werden. Die Beine sollten selbst bei maximaler Ausstreckung (Pedale) noch leicht geknickt sein.

Welche Wirkung haben lose Gegenstände auf der Hutablage bei einem Unfall?

Da bei einem Aufprall mit ca. 50 km/h sämtliche ungesicherten Gegenstände mit der 30fachen Wucht des Eigengewichts nach vorne geschleudert werden, bestehen hierdurch erhebliche Verletzungsrisiken. Ein Regenschirm auf der Hutablage würde mit einem Gewicht von ca. 30 kg gegen den Kopf des Fahrers geschleudert. Der ADAC rät: Ladung immer direkt hinter die Rücksitzlehne, schweres Gepäck nach unten, stabile Laderaumtrenngitter verwenden und Tiere immer so platzieren, dass diese nicht nach vorne geschleudert werden können.

Wie sicher sind dabei teilbare Rücksitzbänke?

Je nach Sitzkonstruktion können diese bei schweren Frontalkollisionen ggf. die Ladung nicht zurückhalten. Der ADAC rät: Sicherheitsgurte hinten überkreuzt schließen, auch wenn niemand hinten sitzt. Dies erhöht die Stabilität der Rücksitzlehne.

Wann müssen Sicherheitsgurte überprüft werden?

Sicherheitsgurte müssen nach jedem Unfall überprüft und ggf. ausgetauscht werden. Der Autofahrer sollte immer darauf achten, dass der Sicherheitsgurt nicht in die Türen eingezwickt wird, da dadurch gefährliche Beschädigungen am Gewebe entstehen können.

Wie sind Säuglinge und Kinder am sichersten im Auto mitzunehmen?

Der sicherste Platz für Kinder ist die Rücksitzbank, wenn das Kind dort mit einem dem Körpergewicht und der Größe entsprechenden Kindersitz gesichert ist. Nur im Ausnahmefall sollte der Beifahrersitz zum Sichern des Kindes verwendet werden. Bei aktivem Beifahrerairbag darf dort auf keinen Fall ein rückwärts gerichteter Kindersitz (Kind blickt nach hinten) verwendet werden. Das Kind könnte sonst vom Airbag angeschossen und dadurch schwer verletzt werden.

Was muss man bei der Rettung eines Betroffenen aus einem Auto beachten, bei dem der Airbag noch nicht ausgelöst ist?

Die Wahrscheinlichkeit, dass ein nicht ausgelöster Airbag bei Rettungsmaßnahmen ausgelöst wird, ist sehr gering. Dennoch sollten Ersthelfer daran denken, dass der Wirkbereich des Airbags (z. B. zwischen Lenkrad und Verletztem) freigehalten wird.

Dipl.-Ing. Hubert Paulus
ADAC Fahrzeugtechnik

Organspende und Organtransplantation

Warum Organspende und Organtransplantation?

Organtransplantationen führen zu einer deutlichen Steigerung der Lebensqualität der Betroffenen. Für die Krankenkassen bedeutet die Transplantationsmedizin außerdem eine Reduzierung der Kosten.

Welche Organe können transplantiert werden?

Routinemäßig werden heute Niere, Leber, Bauchspeicheldrüse, Herz und Lunge transplantiert. Darüber hinaus gibt es noch Transplantationen einzelner Gewebe (z. B. der Hornhaut).

Gibt es eine gesetzliche Regelung?

Das deutsche Transplantationsgesetz ist am 1.12.1997 in Kraft getreten. Es sieht eine Organentnahme nur dann vor, wenn der Spender zu Lebzeiten dies ausdrücklich erklärt hat oder ein naher Angehöriger dies als mutmaßlichen Willen des Verstorbenen äußert. In allen anderen Fällen erfolgt keine Organentnahme.

Bei wem erfolgt die Organentnahme?

Voraussetzung für Organentnahme ist die Feststellung des Todes durch zwei unabhängige Ärzte, die mit den an der Transplantation beteiligten Ärzten in keiner Verbindung stehen dürfen.

Kia Homayounfar, Lehrbeauftragter, ärztlicher Berater

Vorbeugender Brandschutz

Vorbeugender Brandschutz in Betrieben

Jeder Betrieb muss gemäß den Bauvorschriften bauliche Maßnahmen zum Brandschutz vorsehen. Aber die Betriebe müssen zusätzliche Maßnahmen ergreifen, um einen wirksamen Brandschutz zu gewährleisten. Dazu gehört die Ausrüstung von Arbeitsstätten mit Feuerlöschern. Je nach Brandgefährdung und Größe bzw. Art des Betriebes sind Anzahl und Typ der Feuerlöscher unterschiedlich. Genaue Angaben enthalten die „Berufsgenossenschaftlichen Regeln für Sicherheit und Gesundheit bei der Arbeit, Ausrüstung von Arbeitsstätten mit Feuerlöschern" (BGR 133).

Dipl.-Ing. Joachim Berger Hauptverband der gewerblichen Berufsgenossenschaften

Rechtliche Vorgaben und Bestimmungen zum Brandschutz

Bürgerliches Gesetzbuch, § 618 (1): *Der Dienstberechtigte hat Räume, Vorrichtungen oder Gerätschaften ... so einzurichten und zu unterhalten und Dienstleistungen ... so zu regeln, dass der Verpflichtete gegen Gefahr für Leben und Gesundheit so weit geschützt ist, als die Natur oder Dienstleistung es gestattet.*

Generell gilt in einem Brandfall die Brandschutzordnung. Diese richtet sich entsprechend DIN 14096 an alle Personen.

Durch die Berufsgenossenschaften ist eine Pflicht zur Unterweisung von Mitarbeitern in Betrieben im vorbeugenden

Brandschutz vorgeschrieben. Daneben gelten das Arbeitsschutzgesetz, Gewerbeordnungen, Bauordnungen, Bedingungen der Feuerversicherungen, Geschäftshausordnung, Krankenhaus-Richtlinien, Richtlinien für Laboratorien etc.

Arbeits- und Ausbildungsstätten sind mit Handfeuerlöschern auszustatten. Löschdecken sind nur zusätzlich zu Handfeuerlöschern in gewerblichen Küchen und Laboratorien vorgeschrieben. Die Unterweisung in der Handhabung von Löschgeräten und die Einweisung in betriebliche Besonderheiten ist durch den Arbeitgeber sicherzustellen.

Verhalten bei Bränden

▶ Um einen Brandfall melden zu können, muss der Betroffene die örtlichen Gegebenheiten kennen. Sind Brandmelder installiert, sind diese zu betätigen. Sind keine vorhanden, ist das Telefon zu nutzen (bei Telefonanlagen sollte die Rufnummer der Feuerwehr von jedem Apparat aus direkt geschaltet sein).

▶ Der Begriff „gefährdete Personen“ bezeichnet diejenigen, welche die Gefahr noch nicht erkannt haben bzw. erkennen konnten. Bei „Hilflose mitnehmen“ ist besonders an Kinder, Behinderte und verletzte Personen zu denken, aber auch an die durch die Situation Verwirrten.

▶ Um ein weiteres Vordringen von Feuer und Rauch zu erschweren und die erforderlichen Fluchtwege freizuhalten, ist die Aufforderung „Türen schließen“ zu befolgen.

▶ In öffentlichen und in gewerblich genutzten Gebäuden/Anlagen sind die Fluchtwege durch Symbole ausgeschildert. Da auch Rettungsmannschaften diese Wege benutzen, sollten Betroffene den gekennzeichneten Fluchtwegen folgen (rechtliche Vorgabe), um schnell und sicher auf fachliche Hilfe zu treffen.

▶ Der Warnhinweis „keinen Aufzug benutzen“ ist zu beachten, da sich im Fahrstuhlschacht Brandgase befinden können bzw. der Aufzug durch Stromausfall während der Fahrt versagen kann. Nach dem Öffnen der Aufzugstüren könnten die Lichtschranken durch den Qualm blockiert werden und so ein Schließen der Aufzugstüren und damit die Weiterfahrt verhindern.

▶ Ist Fachpersonal vor Ort, ist auf seine Anweisungen zu achten und das eigene Verhalten danach auszurichten.

▶ Sollte sich der Brand in einer noch zumutbaren Größe befinden, sollten die Anwesenden einen Löschversuch unternehmen. Dieser darf nur mit geeigneten Löschgeräten durchgeführt werden. Das Auffinden von Feuerlöscheinrichtungen soll durch ein Piktogramm (EU-einheitliches Symbol) erleichtert werden.

Bekämpfung von Entstehungsbränden

▶ Ein Löschversuch sollte nur unternommen werden, wenn:
- ▷ gefährdete Personen in Sicherheit sind,
- ▷ vorhandene Löschgeräte geeignet sind
- ▷ sowie die Durchführung ohne Eigen-/Fremdgefährdung möglich ist, denn Rettung von Menschenleben geht vor Brandbekämpfung!

▶ Gefahrenquelle ausschalten! Wenn die Gefahrenquelle weiterhin ungehindert brennbare Stoffe freigibt, kann es trotz Ablöschens zu einer erneuten Zündung kommen, die zu weitaus größeren Schäden führen kann. Es sollten also primär z. B. elektrische Verbraucher abgeschaltet oder Gashähne verschlossen werden.

▶ Vorsicht beim Öffnen geschlossener Türen auf dem Fluchtweg! Da das Brandausmaß hinter einer Tür unbekannt ist, sollte kurz mit der Handrückenseite an der Türoberseite die Temperatur gefühlt werden.

Ist die Tür erwärmt, sollte man sie in gebückter Haltung vorsichtig öffnen und auf einen Löschversuch vorbereitet sein.

▶ Feuerlöscher erst am Brandherd einsetzen!

▶ Brand in Windrichtung angreifen! Das Löschmittel wird so mit Unterstützung des Windes in den Brandherd eingebracht und der Löschende nicht durch Rauch/Funkenflug gefährdet.

▶ Flächenbrände vorn beginnend ablöschen! Sprühte man das Löschmittel mitten in die Flammen, würden diese auseinander gedrückt und die Fläche des Brandes vergrößert.

▶ Tropf-/Fließbrände von oben nach unten löschen! Die brennende Flüssigkeit tropft/fließt von der Leckstelle ab und führt so zu einen Tropf- und Flächenbrand.

▶ Wandbrände von unten nach oben löschen! Um die Ausbreitung des Brandes nach oben zu verhindern, muss die unten liegende Brandquelle bekämpft werden.

▶ Ausreichend Feuerlöscher gleichzeitig einsetzen, nicht nacheinander! Nur so wird frühzeitig und schnell eine ausreichende Menge Löschmittel auf den Brandherd gesprüht.

▶ Vorsicht vor Rückzündung!

▶ Brennbare Dämpfe können an heißen Teilen wieder entzündet werden. Wegen dieser Gefahr weder auf noch hinter die schon abgelöschte Fläche gehen!

▶ Nach Gebrauch Feuerlöscher warten und neu füllen lassen!

▶ Kein Feuerlöscher kann beliebig oft benutzt werden.

Warnhinweis

Einrichtungsgegenstände geben bei Verbrennung häufig giftige Gase ab. Diese verbreiten sich meist unbemerkt und entstehen z.T. bereits, bevor Feuer sichtbar wird. Der Einsatz der Feuerwehr mit schwerem Atemschutz ist hier erforderlich.

Löschen von Bränden an Fahrzeugen

Das Löschmittel kann nur am Brandherd seine Wirkung entfalten. Daher sollte, z.B. bei einem Motorbrand, die Motorraumverriegelung geöffnet werden. Durch den Spalt zwischen Motorhaube und Kühlergrill kann Löschpulver in den Motorraum eingebracht werden. Ist das Öffnen nicht möglich, sind andere Öffnungen zu nutzen bzw. ist der Brandherd von unten her anzugehen. Löschmittel primär zum Retten von Menschenleben nutzen!

Ein Löschen am Tankverschluss kann auch durch bloßes Abdecken mit einer Decke durchgeführt werden (evtl. Verstopfen des Tankeinfüllstutzens mit einem Tuch).

Feuerlöscher

Handfeuerlöscher sind mit einer „Handhabung“ versehen, welche u.a. angibt, wie der jeweilige Feuerlöscher funktioniert und für welche Brandklassen er geeignet ist. Feuerlöscher können für verschiedene Brandklassen zugelassen sein:

▶ **Wasserlöscher:** Brandklasse A

▶ **Schaumlöscher:** Brandklasse A + B

▶ **Pulverlöscher ABC:** Brandklasse A + B + C

▶ **Pulverlöscher D:** Brandklasse D

▶ **CO_2-Löscher:** Brandklasse B (für Elektrogeräte geeignet)

Je nach Größe des Löschers beträgt die Ausbringungszeit bei ununterbrochener Löschmittelabgabe 6–25 Sekunden. Wichtig ist das vollständige Öffnen der Entnahmeeinrichtung (z.B. Löschpistole). Das Löschen ist schussweise durchzuführen. Nur beim Brand einer Flüssigkeit muss in einem Zug durchgelöscht werden.

Was tun, wenn die Bekleidung brennt?

Ohne Eigengefährdung kann der Ersthelfer hier nur eine

5 Bs *26, 30*
5 Ws des Notrufs *22*

Abbinden *86f., 91*
Abdrücken *85, 91*
Absicherung *12ff., 114*
Abwehrstadium *113*
Affengriff *18*
Airbag *123*
Allergie *52ff., 59, 61, 78, 92*
Amputation *87, 91*
Angina pectoris *63ff.*
apoplektischer Insult *siehe Schlaganfall*
Arzneimittel *118f.*
Asthma bronchiale *53f.*
Atemanweisungen *50, 54, 57*
Atemnot *51ff., 57, 108*
Atemstillstand *69ff.*
Atemwege freimachen *37f.*
Atmung *10, 24f., 48f.*
Autositz *106, 123*

Badeunfall *15f., 41, 55*
Beatmung *69, 71f.*
Beinahe-Ertrinken *55*
Bergrettungsdienst *97*
Bewusstlosigkeit *36ff., 41f., 106*
Bewusstseinsstörungen *36ff.*
Bewusstseinstrübung *36, 106*
Bisswunde *75, 78f.*
Bluthochdruck *43, 45*
Blutung aus dem After *88*
Blutung aus dem Auge *106*
Blutung aus dem Mund *88*
Blutung aus dem Ohr *88, 106*
Blutung aus der Nase *43, 88, 106*
Blutung, bedrohliche *84ff.*
Bodycheck *26f., 30f., 35*
Borreliose *92*
Brände, Verhalten bei *125ff.*
Brandklassen *126f.*
Brandschutz *124ff.*
Brandwunden *siehe Verbrennungen*
Brandwundenverbandtuch *109*
brennende Kleidung *109, 126f.*
Brustkorbverletzung *38, 101*

Defibrillation *68*
Diabetes mellitus *46f.*
diagnostischer Block *24f., 28ff., 35, 69*
Dreiecktuch *19, 86f., 89, 98*
Dreiecktuchkrawatte *19, 86f., 93*
Druckverband *84, 86f., 91*

Eigensicherung *12ff., 109, 114*
Einbruch im Eis *15*
Elektrounfall *15, 66ff.*
Entstehungsbrände, Bekämpfung von *125*
Epilepsie *45*
Erfrierung *108, 112*
Erinnerungslücken *106*
Erschöpfungsstadium *113*
Erste Hilfe in Betrieben *122*
Erste-Hilfe-Maßnahmen *23, 35*
Esmarch-Handgriff *37f.*

Feuerlöscher *109, 124ff.*
Flüssigkeitsverluste *59, 63*
Fremdkörper im Auge *89*
Fremdkörper in Atemwegen *51f.*
Fremdkörper in Wunden *77, 87, 89*
FSME *92f.*

Ganzkörperuntersuchung *siehe Bodycheck*
Gasbrand *76*
Gefahrguttafeln *14, 16*
Gefahrzettel *13*
Gehirnerschütterung *106*
Gehirnprellung *106*
Gehirnquetschung *106*
Gelenke *94ff.*
Giftaufnahme *114*
Gifte *15, 114ff.*

Hausapotheke *118*
Haut *74f.*
Heimlich-Handgriff *51*
Herzdruckmassage *71, 73*
Herzinfarkt *63ff.*
Herz-Kreislauf-Funktion *10, 24, 58ff.*
Herz-Lungen-Wiederbelebung *69ff.*
Hitzeerschöpfung *108, 111*
Hitzeschäden *108ff.*
Hitzeschock *41, 111*
Hitzschlag *41, 108, 110f.*
Hyperventilation *57*

Impfung *81ff., 92f.*
Infektion *76, 81, 90, 98*
Inlineskating *100*
Insektenstich *52f., 92*

Kälteschäden *108, 112f.*
Kindersitz *123*
Knochen *94ff.*
Knochenbruch *38, 87, 94, 98f.*
Kontaktgifte *siehe Gifte*
Kontrolle der Vitalfunktionen *24f., 69*
Kopfstütze *106, 123*
Körpertemperatur *108*
Krampfaderblutung *87*
Krampfanfälle *45f.*
Kühlen *52, 95, 109*

Lagerung *38ff., 42, 44, 50, 60f., 65, 117*
Laugen *115*
lebensrettende Sofortmaßnahmen *11, 13ff., 20ff.*
lebensrettender Handgriff *38*
lebenswichtige Funktionen *siehe Vitalfunktionen*
Löschdecke *109, 127*
Lungenödem *56f.*

Marschblasen *78, 89f.*
Motorradfahrer *102ff.*
Motorradhelmabnahme *102f., 120*
Motorradschutzbekleidung *104f.*
Mund-Rachen-Raum *36ff., 52, 70*
Muskelverletzungen *101*

Nitropräparate *64ff.*
Notfall *10*
Notfälle der Atmung *49, 69ff.*
Notfälle des Herz-Kreislauf-Systems *58, 69ff.*
Notruf *11, 22f., 32, 72, 121*

Ohnmacht *42f.*
Organspende *124*
Organtransplantation *124*

Paket, das *32*
Portemonnaiegriff *39*
Prellung *94, 96*
psychische Erste Hilfe *34, 41, 57*

Rautek-Rettungsgriff *17ff.*
Reiseapotheke *119*
Retten *17ff.*
Retten mit dem Tragering *19f.*
Rettungskette *11f.*
Rettungstuch *20*
Ruhigstellen *95f., 98f.*

Säuren *115*
Schädelbasisbruch *106*
Schädel-Hirn-Verletzung *38, 106f.*
Schädelprellung *106*
Schlaganfall *43ff.*
Schlangenbiss *93*
Schock *52, 59ff., 92, 111*
Schwimmunfall *siehe Badeunfall*
Sicherheitsgurt *123*
Sonnenstich *41, 108, 110*
stabile Seitenlage *38ff., 103*
Stromunfall *siehe Elektrounfall*
Stütz- und Bewegungsapparat *94f.*
Synkopen *siehe Ohnmacht*

Tetanus *76, 83*
Tollwut *76, 79, 83*
Trage *20*
Tragering *19*

Überstrecken des Kopfes *38, 72*
Überwärmung des Körpers *110*
Überzuckerung *47*
Unfallversicherungsträger, gesetzlicher *121*
Unterkühlung *108, 113*
Unterlegen einer Decke *33*
Unterzuckerung *47*

Verätzungen *56, 77, 115f.*
Verbandtechniken *79ff.*
Verbrennungen *61, 67, 77, 108f.*
Verbrühungen *61, 77, 108f.*
Vergiftung *114f.*
Verletzungen des Stütz- und Bewegungsapparates *94ff.*
Verrenkung *94, 96*
Versicherung *121*
Verstauchung *94, 96*
Vitalfunktionen *10, 69*
Vorgehen am Notfallort *11ff.*
Vorgehen am Verletzten *24ff.*

Wirbelsäulenverletzungen *38, 102f.*
Wunddesinfektion *78*
Wunden *74ff.*
Wundreinigung *78*
Wundstarrkrampf *siehe Tetanus*
Wundversorgung *76ff.*

Zähne, abgebrochene *91*
Zeckenbiss *92f.*
Zentralisation *60f., 113*
Zivil- und Strafrecht *120ff.*
Zuckerkrankheit *siehe Diabetes mellitus*

Handhabung von Handfeuerlöschern

Brandklassen von brennbaren Stoffen

feste Stoffe (z.B. Holz, Papier, Stroh, Kohle)

Flüssigkeiten (z.B. Benzin, Öle, Fette, Lacke)

Gase (z.B. Propan, Wasserstoff, Stadtgas)

Metalle (z.B. Aluminium, Natrium, Magnesium)

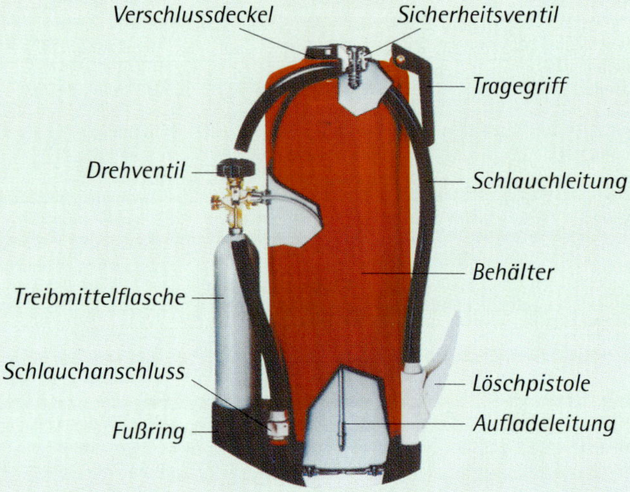

Brandbekämpfung durchführen, wenn er aus einem für ihn sicheren Abstand handelt. Dieses ist möglich, wenn zum Ablöschen ein Handfeuerlöscher oder ein Wasserschlauch genutzt wird.

Dabei sollte der Löschstrahl, wenn möglich, nicht direkt auf das Gesicht des Betroffenen gerichtet sein, um Schädigungen der Augen oder das Eindringen des Löschmittels in die Atemwege zu vermeiden. Es ist ferner zu beachten, dass CO_2-Löscher nicht in engen und unbelüfteten Räumen eingesetzt werden.

Hilfsweise kann bei Personenbränden eine Löschdecke eingesetzt werden, dies ist aber selbst für den Geübten mit einem nicht unerheblichen Maß an Eigengefährdung (Flammen/Abwehrbewegungen des Betroffenen) verbunden. Gefährlich ist es ebenso, eine brennende, in Panik umherlaufende Person „einzufangen".

Einsatz einer Löschdecke bei Entstehungsbränden

Die Löschdecken (200 x 160 cm) sind anwendungsgerecht gefaltet in entsprechenden Behältern vor Ort verwahrt. In der Einsatztaktik ist das Personal gesondert zu schulen.

Von den Löschdecken zu unterscheiden sind die Brandschutzdecken (ohne Normung, Größen: 100 x 100 cm oder 125 x 180 cm). Zur Beratung und Handhabung kann die örtliche Feuerwehr angesprochen werden. Der Einsatz anderer Decken ist mit Gefahren für den Anwender und den Betroffenen verbunden, da diese Decken meistens neben Wolle (schwer entflammbar) auch Kunstfasergewebe (brennbar) beinhalten. Zur Bekämpfung von Entstehungsbränden sind diese Decken nicht geeignet.

Autoren des Erste-Hilfe-Leitfadens der JUH, Beratung: Mathias Frick, TOTAL WALTHER Feuerschutz und Sicherheit